「命の水」の創造

波動エネルギーによる**調和**のすすめ

村田幸彦

水に想う。

日本ＢＥ研究所所長　行徳哲男

私は、水に関して深い知識はありません。
しかし、人間の最も理想的な生き方は、水のようなものではないかと思います。水は萬物にわけへだてなく恵みを与えます。相手に逆らうこともありません。人のいやがる低いところ汚いところにも平気で流れていきます。水には何にでも自由に対応出来る柔らかさと、謙虚さと、深さがあります。今、その水を私達は粗末にしています。

〝水で死ぬ〟という本が話題となりました。
そんなとき、只水の尊さ、水の不思議さ、そして水の有難さを説きつづける人がいます。バイタル・ウェーブの社長村田幸彦さんです。村田さんが水を語るとき、燃えるような情熱と祈りがあります。愚直とさえ思える村田さんの水への想いと祈り、頭が下がります。

この本が人が人として水々しく生きることへの希望と勇気の書にならんことを祈るや切です。

水に想う。

行德哲男

私は、水に関して深い知識はありません。しかし、人間の最も理想的な生き方は、水のようなものではないかと思います。

水は万物にわけへだてなく恵みを与えますが、相手と争うことはありません。人のいやがる低いところ、汚いところへ平気で流れていきます。　水には何にでも自由に姿を変豊かさと、謙虚さと、深さがあります。
今、その水を私達は粗末にしています。
水で死ぬという本が話題となりました。
そんなとき、木の輝き、水の不思議さ、
そして水の有難さを語りつづける人がいます
ヴァイタル・ウエーブの社長村田英孝さんで
す。村田さんが水を語るとき、燃えるような
情熱と祈りがあります。思索とさえ言える
村田さんの水への想いと祈り、願いが下ります
どこの水が命として、水々しく生きるこ
とへの希望と勇気の源になっていくことを祈る[illegible]
切です

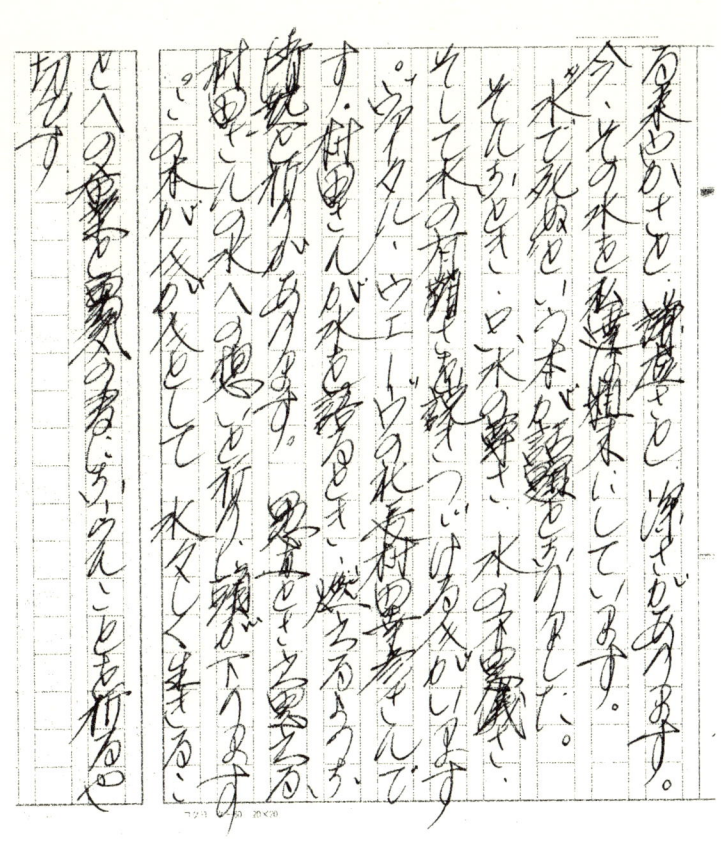

はじめに

今、世の中は激変中であります。

昨年は、ノストラダムスやＹ２Ｋ問題で大騒ぎしながらも無事、平穏に二〇〇〇年を迎えることが出来ました。日本国内は、失業率が５％を越えつつあり、歴史ある大企業に次々と外資が導入されたり、合併したりと異常な動きが続いています。

国民的動きとしては、着実な生活を求める人々が増え、もっと平和で安心を求める気運が高まり、波動・いやし・心などをキーワードとした展開が広がりつつあります。こういった時には、玉石混淆でいい人も居れば、悪い人も出没します。

そんな中で、今自分は何をなすべきかを考えるに当たって最も大切な言葉が『調和』ではないかと思います。

調和とは静止ではなく、動きの中の美しいバランスです。しかも大自然の法則に則ってなければなりません。大本山総持寺の貫首である板橋興宗様は禅について「禅とは大自然との呼吸である。自分が呼吸しているのではなく、大自然のリズムとひとつの呼吸をしている。それが禅です」と言われています。これこそが調和のお手本です。

本書では、どうすればこのバランス感覚が身につくか「水」を中心に考えてみたいと思います。どうすれば情報に振りまわされずに自分で正しい選択ができるか？　少しでも皆さんのお役に立てばと思っております。

「大切なものは、静けさとやすらぎの中にある」

フィンドホーン　アイリーン・キャディ

【目　次】

Ⅳ　水と土壌菌プラス波動による調和された環境作り

I

21世紀は調和の時代

調和というゼロ波動

●調和とは何か

近頃、「調和」という言葉をよく耳にします。世界各地で起こっている干ばつや水害などの異常気象、コソボをはじめとする民族紛争、日本に目を移してみれば、「学級崩壊」などという子供たちの問題、環境ホルモンを含んだ物質の氾濫、大人たちのモラルの乱れ……このような様々な現象を見ていると、なんだか世の中の調和というものがおかしくなっているのではないか。そんな声があちこちからあがっているのです。

「水」の話をする前に、まずこの「調和」から話を始めてみたいと思います。水と調和のどこが関係あるんだとお思いかもしれませんが、水はすべての生命を育む根幹となる存在です。すべての生物、そして自然は調和が保たれていなければ生きていくことはできません。ですから調和は、水にとって非常に大切な問題を含んでいるのです。

では調和とは、どういうことを言うのでしょうか。器の中の水のように静まり安定している状態、つまり動的な要素が何もない状態を「調和」だと考えている方もいらっしゃるようですが、それはちょっと違います。

両極端な要素が拮抗している状態、つまり相反する性質や機能を持ったものが不離一体となって、相互に補い合い、反応し合って、新しい物質や性質を作り出し、秩序とバランスを保っているのが、自然の調和の姿です。

考えてみれば世の中は、相反するものが拮抗して成り立っています。たとえば、善と悪がいい例でしょう。残念ながら、世界は善人ばかりではありませんし、善行ばかりでもありません。悪意や犯罪や争いは、なくなることはありません。しかし、それはいけないことだという善の心もまた私たちの中にあるのです。だからこそ、悪を憎み、なんとか平和な世の中を実現しようと努力もできます。そういう両極端の中でバランスをとりながら、私たちは生きているのです。

●広大な宇宙のバランス

みなさんは万有引力をご存じですか。そう、リンゴが木から落ちる光景を見てニュートンが発見した物理学の基本的法則です。

あらゆる物体の間には引力が働き、その大きさは距離の二乗に反比例し、二つの物体の質量をかけたものに比例します。

物体間に空気があろうと、真空であろうと、またその物体が人間であろうと、紙であろうと、地球であろうと、太陽であろうと、すべての物体間には引き合う力が働きます。だからこそ「万有引力」というのです。

しかし、ちょっと考えてみてください。すべての物体間に万有引力が働くのなら、なぜ地球と太陽は衝突しないのでしょうか。お互いに引き寄せられてぶつかってしまうはずではありませんか。それなのに、地球は太陽にぶつからずに、その周りをグルグル回っています。これは、どうしたことでしょう。

なぜ、地球と太陽が衝突しないのか。その理由は、地球が公転しているからです。もし地球がじっとしていたら、太陽の引力に引かれて太陽に落ち込んでしまうでしょう。太陽の強い引力が働いているにもかかわらず、ほぼ一定の距離を保っていくには、どうしても公転しなければなりません。太陽の周りをグルグル公転していれば、太陽と反対方向に遠心力が生まれます。この遠心力と太陽の引力が打ち消し合い、地球は太陽とぶつからずに、その周りを周回しているのです。

これは地球に限らず、各惑星に共通した現象です。水星や金星、土星、冥王星などの太陽系の惑星も、遠心力の大きさと引力のバランスがとれているので、太陽から一定の距離をキープしながら回っているのです。

では、惑星と太陽間の引力と均衡した遠心力がどうして生まれたのでしょうか。残念ながら、その理由はわかりません。はるか昔、この宇宙が生まれたときに、何か大きな力が働き、回転が生じたのでしょう。宇宙はビッグバンのときから回転という力を持っているようです。サムシング・グレート――何か偉大な力――が宇宙を創造したのだという人もいますが、私たちはその真相を知ることはできません。

しかし、引力と遠心力の力が拮抗し、バランスがとれているということは事実です。つまり宇宙は、そのような力が調和している場所なのです。

●原子のバランス

宇宙という広大な世界から、今度はミクロの世界に目を転じてみましょう。ずっとずっと物質を細かくしていき、原子の世界にまで遡ってみます。

原子には原子核というプラスの電荷を帯びた物質があり、その周りをエレクトロンというマイナスの電荷を帯びた電子が飛び回っています。この原子核のプラスの性質とエレクトロンのマイナスの性質がバランスをとって調和し、原子を形作っているのです。

この原子がいくつか集まると分子になります。たとえば、酸素原子が二つくっつくと酸素分子になり、水素原子が二つくっつけば水素分子になります。この分子が、それぞれの物質が持つ基本的性質を決定づけていることは、みなさんもご存じのことでしょう。

また、一つの酸素原子と二つの水素原子がくっつくとH_2Oという水の分子ができあがります。おもしろいと思いませんか。水素や酸素はいずれも非常に燃え易い気体ですが、両者がくっついて出来た水は、何と火を消す液体です。元のネタは同じなのに、くっつき方やくっつく数によって、まったく違った物質になってしまうのです。

化学の授業で習った元素（原子）の周期律表には、原子番号の順に一〇八個の元素が並んでいます。私たち人間から、動物、植物、あるいは鉱物など、この世にあるあらゆる物質は、この一〇八個の元素の組み合わせによってできています。私たちと山々に生い茂る植物との違いは、ちょっとした元素の組み合わせの違いなのです。

たとえば、植物の葉緑素を見てみましょう。葉緑素は植物が光合成を行うために欠かすことのできない物質です。この植物の葉緑素と人間の血液の中にあるヘモグロビン（赤血球）の構造はほぼ同じなのです。

図1を見てください。葉緑素は六角形のような形をした有機物の中央にMg（マグネシウム）が入っています。それに対してヘモグロビンは周りの構造はまったく同じで、中心にFe（鉄）が入っています。たったこれだけの違いなので

図1

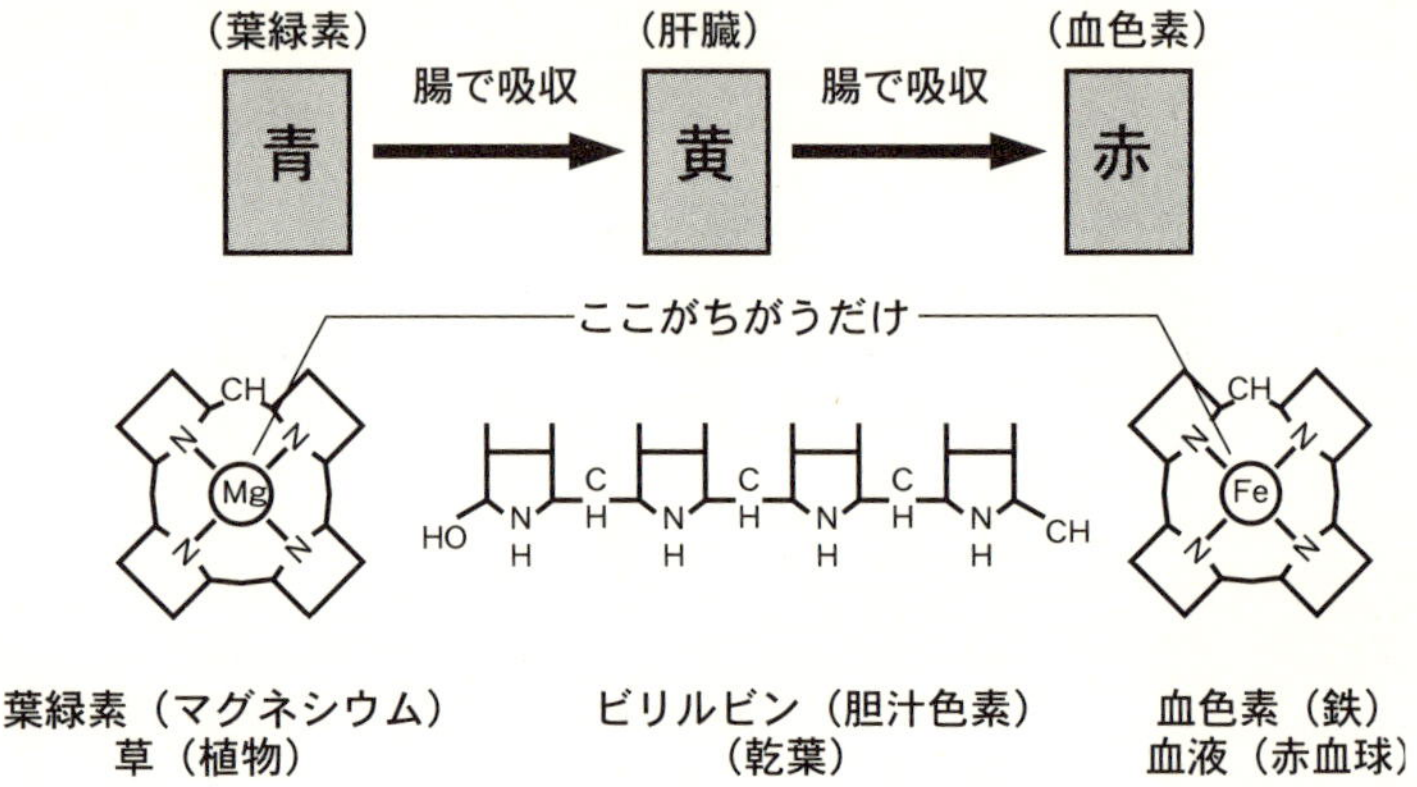

す。中心にマグネシウムが入っているか、鉄が入っているかで、植物の生命の要をになう葉緑素になるか、それとも人間の血液にはなくてはならないヘモグロビンになるかが決まるのです。

これで、すべての物質が、ほんのちょっとした組み合わせの違いからできていることがおわかりいただけたでしょう。

さらに、現在では、原子をさらに分解した段階にまで、科学の目が入り込んでいます。素粒子と呼ばれるものですが、さらに素粒子を分解して突き詰めていくと、物質の出発点はたった一つの要素に突き当たるのではないかという超素粒子論という仮説まで登場してきています。

私たちは人間と他の動物、あるいは植物、金属などをまったく別物だと認識していますが、じつは突き詰めていくと、同じ要素が出発点だったかもしれないのです。この自然の絶妙なバランス――じつに不思議なことであり、また同時に自然というものの偉大さを思い知らされます。

すべての物質には、一〇八個の元素の絶妙のバランスによって形作られています。そして、それぞれに役目を持ち、世界を構成する要素として存在しています。こうしてみると、世の中のすべての物質や現象は、広大な宇宙から物質を構成する元素、さらには素粒子に至るまで、すべてバランスの上に成り立っていると言うことができます。

これまで述べたように、すべての原子は原子核の周りを電子が回っています。ということは、すべての原子はそれぞれ固有の振動数を持っているということになります。その原子が集まってさまざまな物質を形作っていくわけですから、すべての物質はそれぞれ固有の振動数を持っています。この考え方を応用したものが「波動」というものの見方ですが、それについては後で詳しくお話しすることにしましょう。

●真の調和とは

相反するものが、相互にバランスをとったとき、きわめて安定した形になります。これが調和の真の姿です。

「神は私にこう語った」の著書で有名なフィンドホーンの創始者アイリーン・キャディは、大切なものは静けさとやすらぎの中にあると神からの声を受け取ったと言っています。これが調和された姿ではないでしょうか。

プラスとマイナス、NとS、陰と陽、動物と植物、酸とアルカリ、善と悪、右と左、男と女、虚と実……この世の中は、すべて相反するもののバランスによって成り立っています。

考えてみれば、昔からよく言われている「無の境地」とか「悟り」といったものも、調和の一つの姿ではないでしょうか。心の中の両極端にあるものが、バッとほどけたとき、「無の境地」や「悟り」を感じられるのではないかと思うのです。

かつて宮本武蔵が生涯をかけて剣の道を追い求めたのも、また仏門で僧侶が厳しい修行を積むのも、自分の中の調和を求めてのことでしょう。そして、心の中の両極端がほどけ、うまくバランスがとれたとき、見た目は非常に静かに感じられますが、その中に蓄えられるエネルギーはものすごく大きなものになっているはずです。

なぜ、これほど調和に私がこだわるのか。私たちは、自然が作り出した絶妙な調和の上に成り立っているからです。神が、あるいはサムシング・グレートが作り上げた、この絶妙な調和を無視して生きていくことはできません。

しかし、どうもこのところ私たちは調和を無視し、崩壊させているように思えてなりません。そうした調和の崩壊は、つまるところ私たちの破滅へとつながっていきます。

いま一度、私たちは調和を見つめ直すときに来ているのではないか。二一世紀に人類が繁栄し続けるためには、ここでいままでのやり方を問い直さなければいけないのではないか。切実にそう思うのです。

大自然の法則

●自然が築いた見事な物質循環

初めて地球上に現れた生物は微生物でした。約三八億年前のバクテリアの化石が残っています。

その後出てきたのが植物です。微生物と植物が繁殖する時代が長く続き、動物が出てきたのは、それからだいぶ後になってからのことです。

簡単に言えば、これが地上に生物が出現した様子ですが、自然はじつに見事な調和のスタイルを築き上げました。

植物は海の中で発生し、その後だんだんと地上へと繁殖の範囲を広げていき、現在のような姿になっていきました。幹を伸ばして葉を茂らせ、太陽の光で光合成を行い、さらに土の中に根を延ばして土中の栄養分を吸収します。植物は、そうやって育っていくわけです。

このとき重要なのは、植物の根が無機ミネラルを吸収するということです。みなさんは有機、無機の違いについておわかりでしょうか。簡単に言えば、有機というのは生命体で、無機というのは物質的なもの。つまり無機ミネラルとは、鉄やカルシウムなど、鉱物などから流れ出した金属イオンのことを言います。ちなみに有機ミネラルといえば、植物によって作られたミネラル分を指します。

植物は、この無機ミネラルを根から取り込み、光合成などによって成長するための栄養分に換えます。つまり、無機を有機に変換しているわけです。

そうやって成長していく植物を今度は動物が食べます。植物を食べるのは、おもに小動物や強力な攻撃手段を持たない動物たちですが、もちろん我々人間も本来は植物を食べて生きる草食動物であったと思います。それがいつの間にか魚を食べ肉を食べる様になってしまったのです。久司道夫氏が唱えるマクロビオテック療法で玄米菜食を主張されているのは、本来の人間の生き方に戻ろうという事でとても素晴らしい事なのです。植物は、動物たちの貴重な栄養源となるのです。さらに、より強い動物は、植物を食べている草食動物をエサにします。そう、いわゆる食物連鎖というやつです。

そして動物が死ぬと、その体は腐敗して土に還っていきます。このとき働いているのが、微生物たちです。微生物たちは有機物である動物の死骸を分解し、土の栄養分にしたり、無機物に変換したりして、土を肥えさせていきます。そして、その肥えた土壌に植物が育ち、また動物たちが食べる。

これが自然の作り上げた物質循環です。この他にも、自然の作り上げた物質循環の例はまだまだあります。たとえば、酸素と二酸化炭素の需給バランスです。植物は光合成を行うとき、二酸化炭素を取り込んで酸素を出します。我々動物は、酸素を吸って二酸化炭素を排出します。見事に逆さまになっています。

つまり、自然はすべての生物の営みが、うまくバランスをとって調和を保てるように作られているのです。本当に見事というほかありません。

少し話題を変えて、バイオテクノロジーでノーベル賞候補といわれている村上和雄氏が言っているサムシンググレイトについて考えてみたいと思います。

氏の著書「生命の暗号」によれば、人間の細胞は、体重六〇キロの人で約六十兆個もあります。その細胞一個の核に含まれる遺伝子（DNA）の基本情報量は三十億の化学の文字で書かれており、これをもし本にすると、千ページの本で千冊分にもなります。同じ人の遺伝子（DNA）は、皮膚であれ内臓であれ毛髪であれ同じ情報で成り立っているのです。つまり、千ページ千冊の本が六十兆個分ある訳です。では何故皮膚になったり内臓になったりするのかは、千冊分の遺伝子情報全てにスイッチがあり、どれがONになっているかによるのだそうです。村上氏は、これだけの情報が受精した瞬間から入っており細胞分裂を繰り返しながら、オンオフをコントロールし、やがて完成された生命体になるのは今の科学の世界ではとても信じられない事だと言います。

一体誰がこんな事をやってのけているのか？　と考えると、神様とかを思わざるを得ません。その事を氏は「サムシンググレイト」と呼んでいるのです。この生命のいとなみを見ても「調和」の極みといえるでしょう。

脳神経外科医でありながら心の治療で病を癒している渋谷直樹氏は、こころを含めて「サムシンググレイト」との共鳴こそが、生命を癒すと言い、自らそれを実践し成果を上げておられます。

●半永久的に地球のゴミとなる石油化学製品

ところが、自然が築き上げたこの見事な調和が、崩れかかっています。その原因は、ほかならぬ私たち人類にあるのです。

人間が行ってきた開発は、自然の物質循環法則を無視してきました。各地の森林伐採によって緑豊かなジャングルは荒れ地に変わり、地上の貴重な酸素供給源が失われつつあります。

人間が暮らすために開発された都市では土がコンクリートで覆われ、物質循環の鎖を断ち切ってしまいました。畑には病害虫駆除のために強力な農薬が散布され、おかげで害虫はつかなくなりましたが、土中の微生物まで死滅させてしまったために土地がどんどん痩せてしまっています。

すべてがうまく円を描くように調和のとれていた大自然の法則を、我々人間が壊しているのです。現在、世界各地で起こっている異常気象の原因の大半は、我々人間が自然の調和を崩してしまったことが関係していると言われています。

なかでもとくに私が危惧を感じているのは、化学の発達、とりわけ石油化学の発達です。

石油は、まだ恐竜が地上を闊歩していた時代、土に埋もれた植物や恐竜などの動物が、土に還る前に氷河時代が訪れ、長い年月をかけて油分になったものです。ですから自然の物質循環から言えば、石油は異質なもので、そのため地球のコレステロールなどと呼ばれています。

しかし、物質循環的にはやっかいものである石油が、化学の発達によって、様々なエネルギーや物質に変えられるということが発見されました。

石油は基本的に炭素と水素の化合物なので、それに他の元素をくっつけるなど加工しやすいのです。ですから石油からはガソリンなどのエネルギーをはじめ、ビニール、発泡スチロール、プラスチック、化学繊維など、いろいろな製品が生み出されました。

これらの製品はたいへん便利なものです。現在、私たちが享受している豊かさの根源は、この石油製品によってもたらされたと言っても過言ではありません。もはやプラスチックのない生活など、考えられなくなってしまいました。

ところが、それほど便利な石油製品ですが、これをもう一度石油や土に戻す技術がまだないのです。正確に言うと、石油に再生できる製品も土に戻るプラスチック製品も一部開発されているようですが、まだ非常にコストがかかるため実用化のめどがたっていません。

そのため、プラスチックゴミは埋め立て地に埋められることになりますが、これが土に還ることはありません。半永久的に地球のゴミとして溜まっていくばかりなのです。

電化製品などは、物質循環の観点から見れば最悪の代物です。製造技術の向上により、どんどん価格が安くなって爆発的に普及しましたが、その後始末はまったく顧みられていない状況です。

またエネルギーとしての石油製品も多大な問題を引き起こしています。たとえば、自動車がまき散らす窒素化合物や硫黄化合物は、ガソリンや軽油という石油製品を燃焼させたときの副産物です。これが大気を汚し、どんどん空気を悪くしています。

自動車ばかりでなく、化学プラント工場から排出されるガスも問題です。現在では基準が厳しくなり、ひところに比べれば少なくなりましたが、ゼロになったわけではありません。

その結果、空気は本来あるべき姿からどんどん遠ざかりつつあります。喘息やアトピーなどのアレルギー症状の原因ともなっているのです。それは、我々人間が物質循環のバランスを崩してしまったからにほかなりません。

●薬漬けになった農地

石油化学製品と並んで大きな問題となっているのは、肥料や農薬など、農業に関わる化学です。

化学の発達は物質の構造を明らかにし、どの元素とどの元素が結びつけばどの物質ができるということがわかるようになりました。そのおかげで、人工的に天然の物質に近いものを合成することもできるようになったのです。

これが大々的に応用されたのが、農業の分野です。植物の三大栄養素は、窒素、リン、カリウムであることは知られていましたから、これらを与えれば作物がよく育つのではないかと、人工的に合成した窒素やリン、カリウムを農地に大量にばらまいたのです。

先ほど、土は微生物が分解によって栄養素を作り出していくとお話ししました。しかし、人工的な栄養素が投与されると、微生物が栄養を作り出す必要がなくなってしまいます。その結果、土中の微生物はどんどん消滅していきました。

作物のほうは、人工的な栄養素が与えられているので、いちおう成長して、それなりの収穫が得られます。ところが、できた作物を食べてみると、明らかに自然の状態で作られたものに比べて味が落ちるのです。味が落ちるどころか、本来その作物が持っているはずの栄養が極端に減少していたりすることも珍しくはありません。

さらに、農薬も農作物のバランスを崩しています。農薬は害虫や病気をなくすために開発されたものですが、アブラムシを駆除するにはこの農薬、この病気を予防するにはこの農薬というように、何種類もの農薬が散布されるようになりました。

そうすると、たしかにアブラムシによる被害や病気による被害は多少食い止めることができますが、先ほどの薬漬けの作物と同じことで、土中の微生物を死滅させてしまったり、薬が作物に影響を与えたりして、作物の栄養価はますます低下しています。

化学肥料や農薬によって、土の調和を崩してしまったために、作物本来が持つパワーを削ぎ、まるで病人のような作物にしてしまったのです。

いわば、薬漬けの作物です。薬漬けの人間が、外見はまともでも健康とは言えないように、薬漬けの作物も外見は自然に育った作物といっしょですが、中身はまったく違ったものになってしまっています。

さらに最近では、農作物の遺伝子組み替えを行って害虫をつきにくくしたり、病気にかかりにくくしたバイオ農作物が出現しています。それらの農作物を食べて影響がないかどうかは、まだ確証が得られたわけではなく、安全であると言い切ることはできません。

そのため遺伝子組み替え食品は表示が義務づけられるようになりましたが、それでも醤油や味噌などの加工食品では原材料に遺伝子組み替え食品が使われているかどうか確かめることができず、完全にシャットアウトすることは不可能な状況です。これは本当に恐ろしいことだと言わざるをえません。

現在、世界の穀物市場はアメリカのメジャーが握っていて、彼らは遺伝子組み替えによって種ができない一年ものの種子を販売しています。つまり毎年毎年、種子を買わなければならないような仕組みを作り上げているのです。

こうした数々の行いによって、農作物は植物の本来あるべきバランスからどんどん遠ざかってしまっています。自然のサイクルを無視したこのような行為が、永遠に繁栄をもたらしてくれるはずがありません。どこかで必ず、私たちは手痛いしっぺ返しを食うことになるでしょう。

それが、いつ、どんな形でやって来るかはわかりませんが、おそらく人類は相当の打撃を被ることになるはずです。

調和のとれた生活

●男女は異質なもの

自然は非常にうまく調和のとれたサイクルを作り上げました。すべての生物は、その大自然の法則にしたがって暮らしてきたのです。しかし、我々人類は、他の生物には見られない高度な知能を獲得した結果、調和のとれた自然の法則をどんどん破壊しています。調和を無視し、循環のサイクルの鎖を断ち切ってしまっているのです。

最近、私がつくづく感じるのは、男性と女性のあり方です。街の中を歩いてみれば、男性だか女性だかわからない若者たちが増えているようです。男性の女性化や女性の男性化が進んでいるように思えます。

たしかに男女同権が叫ばれ、雇用機会均等法なども施行され、女性も男性と同じように社会進出することができるようになりました。それは素晴らしいことだと思います。

しかし、男性と女性は平等であり同権ですが、同質ではありません。このことは、いま一度確認しておく必要があるのではないでしょうか。

女性は生命を未来に伝える種の保存の使命を持っています。逆に男性は、女性をサポートし、よりよい社会を作り出す使命を持っています。

昔話にあるように、「おじいさんは山へ柴刈りに、おばあさんは川へ洗濯に」という役割分担があることは、男女の使命の違いを考えれば当然のことと言えるでしょう。形は若干違えど、それはどの世界においても同じです。

ところが現在では、同権と同質を取り違え、女性が男性化し、逆に男性が女性化してしまい、本来の役割を忘れてしまっているかのようです。本来の役割を放り出して、自分たちのやりたいことだけをやっていったら、生命のサイクルはどうなってしまうのでしょうか。

男女は平等であり、同権ですが、同質ではないことを心得て、協力し合っていかなければなりません。そして幸せな家庭を築き、未来へと生命を受け継いでいかなければなりません。

それは、人間としての調和であり、我々が与えられた使命なのです。人類のさらなる発展を考えるなら、この人間としての調和の再生は、二一世紀の大きなテーマになるにちがいありません。

●循環する技術を考えてこなかった過ち

二一世紀、崩れつつある調和を再生するキーワードは、「共生」ということでしょう。共生とは「共に生きる」、つまり自分一人だけがよければいいという考え方ではなく、周囲への影響を十分考慮に入れながら、お互いが共存できるように暮らしていくということです。

人間は科学を発達させ、世の中の仕組みがすべて明らかになるという思い上がりで、物質の構造を解明し、そこに改良を加えたり応用することによって、新しいものを作り上げてきました。その代表が、先ほど述べたプラスチックやビニールなどの石油化学製品です。さらに恐いのが、原子力です。

原子爆弾や原子力発電の元になる原子力は、莫大なエネルギーを発生させます。今後のエネルギー問題を考えると、原子力発電は必要なものかもしれませんが、使い終えた燃料をどう処理するかということが大きな問題となっています。

いまのところ、フランスに持っていき、そこで再処理をしていますが、それで危険な放射能がなくなるわけではありません。使用済み燃料の処理の問題は依然として解決していないのです。地中深く、分厚いコンクリートで覆われた施設に格納していますが、そこに置いておけば安全だという確証はありません。各地の原子力発電所で起こった事故から明らかになったずさんな管理体制から考えても、大きな危機感を抱いているのは、決して私ばかりではないでしょう。

こうした問題が生じてくるのも、共生を考慮しない技術の開発ばかり推進してきてしまったからです。本来なら、エネルギーとして使用したらまた元の状態に戻す循環の技術を確立してから実用化すべきなのに、戻して循環させることは考えず、一方通行の技術開発しかしてこなかったのです。

医学の分野でも、まったく同じ現象が起きています。本来なら、トータルとして心身の健康を考えなければならないのに、特定の病気を押さえつける薬が開発されるばかりです。病気の種類はどんどん増えていき、それに対してまた一つずつ薬が開発される。際限なく薬を飲み続けますが、それで本当に健康になるかといえば、決してそうではありません。

日本の医療費が三〇兆円もかかる原因がここにあります。一方通行の治療、つまり薬の開発ばかりで、心身全体の調和を考えた医療が行われていないのです。

こうした先端科学を先導したのは、西洋です。西洋が世界に普及した科学というものは、たしかに分析や技術革新という点では、非常に大きな力を発揮しましたが、その反面、地球の調和を守るということに関しては、大失敗してしまったのです。

私たち自身、そうした思想に毒されてしまっています。たとえば、O－157による食中毒が発生したとき、どのような対応をしたかというと、すべて消毒です。何もかも消毒して菌を殺してしまえば安全だという発想です。

しかし、菌には悪い菌もあれば、いい菌もあります。何もかも消毒するということは、悪い菌もいい菌もすべて殺してしまうことになるのです。しかも最近では「抗菌グッズ」などといって、菌がつきにくい商品が発売され、我も我もとみんなが飛びついています。

昔は、いい菌も悪い菌も含めて共生してきました。細菌などの微生物にも、自然の循環の一部をになう役割があるのです。そして共生することによって、我々の体にも自然と抵抗力がつき、少々悪い菌が入っても、体が不調になることはありませんでした。

しかし、ここまで菌を遠ざけてしまうと、抵抗力は弱まり、ちょっと悪い菌が体に入っただけで発病してしまうようになりました。また、いままでは体に害を及ぼさなかった菌まで、病気を引き起こすようになったり、アレルギー疾患や慢性疾患を招いています。

消毒してしまえばいい、抗菌グッズを使えばいいという考え方そのものが、「共生」の思想を麻痺させてしまい、本来の自然の姿というものから、私たちをどんどん遠ざけてしまっているのです。

●いまこそ必要な共生のための技術（響働）

こうした現象をきちんと認識したうえで、我々はもう一度、共生を考えなければなりません。自然の循環に乗るような形で、地球の調和を取り戻さなければなりません。

もちろん、いまからプラスチックなどの石油化学製品をゼロにすることは困難でしょう。しかし、なるべくリサイクルして何回も使うようにし、ゴミを減らすことはできます。

また、分解されるプラスチック製品の開発も急務でしょう。コストのかからない製品、ラクに作れる製品の開発から、今後は地球にやさしい製品が求められるようになっています。

ドイツなど環境先進国では、リサイクル意識が徹底しており、スーパーなどに買い物に行くときは、自分で袋を持参し、ビニールの袋を使いません。またゴミの分別回収も徹底されており、リサイクルできるものは何度でもリサイクルされています。

こうしたことは、私たちの意識しだいで大きく改善できることです。たとえば生ゴミはすべて家庭で処理しようということになれば、ゴミ焼却に関わる問題——有毒ガスの排出やダイオキシンなどは、かなり減らすことができるでしょう。それだけでも、自然の調和の回復に相当な貢献ができるのです。

いま「地方の時代」と言われていますが、町や市、さらには県などの地方自治体が、積極的に環境問題に取り組んでいくべきだと思います。それぞれの自治体が特色を出しながら、「自分たちは自然との共生のためにこうしたことをやっていく」と明確に打ち出せば、現代社会を覆うゆがみもだいぶ改善されていくのではないでしょうか。共生する為には共働とか響働が重要です。

●有機農法ではなく有危農法

先にお話ししました化学肥料や農薬、遺伝子組み替え作物などが不安視されるようになり、化学肥料や農薬を使わない有機農法を売りにするものも増えてきました。それはそれでいいことではあるのですが、ただ有機農法と銘打ってあれば安心かというと、実はそんなことはないのです。正しい知識と技術を用いていない有機農法は、「有機」ではなく「有危」農法となることもあります。

化学肥料ではなく鶏糞や牛糞を使っていると有機農法をやっているということになるわけですが、ところがいま使われている鶏糞や牛糞はただ積み上げて乾燥させてあるだけというものが少なくありません。

本来は発酵させて土に戻る過程の途中の状態に持ってきたものを肥料としてまくのが有機農法なのですが、そうしたことを知らず、鶏糞、牛糞を使っていればいいのだろうと有機農法のカンバンをあげているところが多々あるのです。そうした鶏糞、牛糞は正常に発酵していませんから、窒素などが出て、作物に窒素の害を及ぼしてしまうこともあります。

昔は畑に肥溜めがあり、糞尿の肥を貯めると上からパラパラと土を振りかけ、また肥を入れたら土を振りかけるということを繰り返して長く寝かせていたのです。そうすると土の中の微生物が肥を発酵させ、素晴らしい肥料ができあがりました。

きちんと発酵した肥溜めでは、肥の上に水が溜まって透明のきれいな上澄みができ、その中をどこから来たのかメダカが気持ち良さそうに泳いでいたという話もあります。

昔の人たちは科学的な知識を持っていたわけではありませんが、経験と伝えられてきた知恵によって、自然のバランスに合致した方法論を身につけていたと言えます。

私たちは、何事においても行き過ぎてしまったのです。行き過ぎて、自然のバランスを断ち切ってしまいました。利便さや快適さを追求するあまり、調和を崩壊させてしまっているのです。

それは人間のエゴの追求にほかなりません。人間が自分たちのエゴを拡大してきたとき、地球の自然のメカニズムに多大な犠牲をはらってきました。しかし、これまでお話ししてきたように、自然は大いなる循環によって調和を保っていますから、その調和を崩すことは、結果として我々自身の元にツケがまわってくるのです。

いまこそ調和を取り戻さなくてはなりません。人間も自然の一部であり、大いなる循環の中にあることを認識して暮らしていかなければなりません。そのために私たちができることは何か？　それを真剣に考えていく必要があります。

調和論（ゼロ波動・ゼロ磁場）諸説

究極の調和については、さまざまなことが言われてきました。しかし、どれも言いたいことはほぼ同じです。ここでは参考までに、そのいくつかをご紹介しておきましょう。

①陰陽説

中国で古来から伝わる陰陽五行説の根幹部分のことで、儒教の教典として有名な五経（『易経』『詩経』『書経』『礼記』『春秋』）などでも根元的心理として使われています。

陰陽説とは、この世の森羅万象すべてを「陰」と「陽」に分類して、それぞれが異なった性質を持っているものとし、その生成変化のありようを考える思想です。

わかりやすい例をあげてみますと、

（陽）　男　天　日　昼　表　実　強　動　開

（陰）　女　地　月　夜　裏　虚　弱　静　閉

このように、陰と陽はまったく正反対のものとなっています。大切なのは、単に陰陽に分けるだけではなく「中庸」という考え方です。中庸とは、陰と陽のバランスがとれた状態のことを言い「無」の考え方の原点になっています。

②波動性科学（大橋正雄）

故大橋正雄氏が唱えた説で、素粒子論の言う粒子性は不十分で、日本で初めて波動性なる考え方を提唱しました。

粒子性は姿・形を表し、波動性は性質・機能を表しています。また、波動性はものの形を作る原動力でもあります。

その波動は、生命エネルギーや宇宙エネルギーとも関係しており、無誘導性コイルにより発生させることができます。無誘導性コイルとは、右巻きと左巻きのコイルに電気を流し、発生する磁場がお互いを打ち消し合ってゼロ磁場を作るものです。この無誘導性コイルにさまざまな周波数の電気を流せば、いろいろな波動が作れるとして研究を続けていました。

③ゼロ磁場で不思議な現象が起こる（佐々木茂美）

「気を科学する」で有名な佐々木茂美教授（東海大学）は、気のエネルギーを研究しているうちに、ゼロ磁場との関係を見つけられ、人工的気の発生装置を開発し、超能力などとの関係を積極的に研究し続けています。

中国で伝えられた太極図は、宇宙を構成している物質の究極の姿をモデル化したものので、ゼロ磁場もこの太極図で説明しています。（図2）

図2

大極図を回転させたときの変化

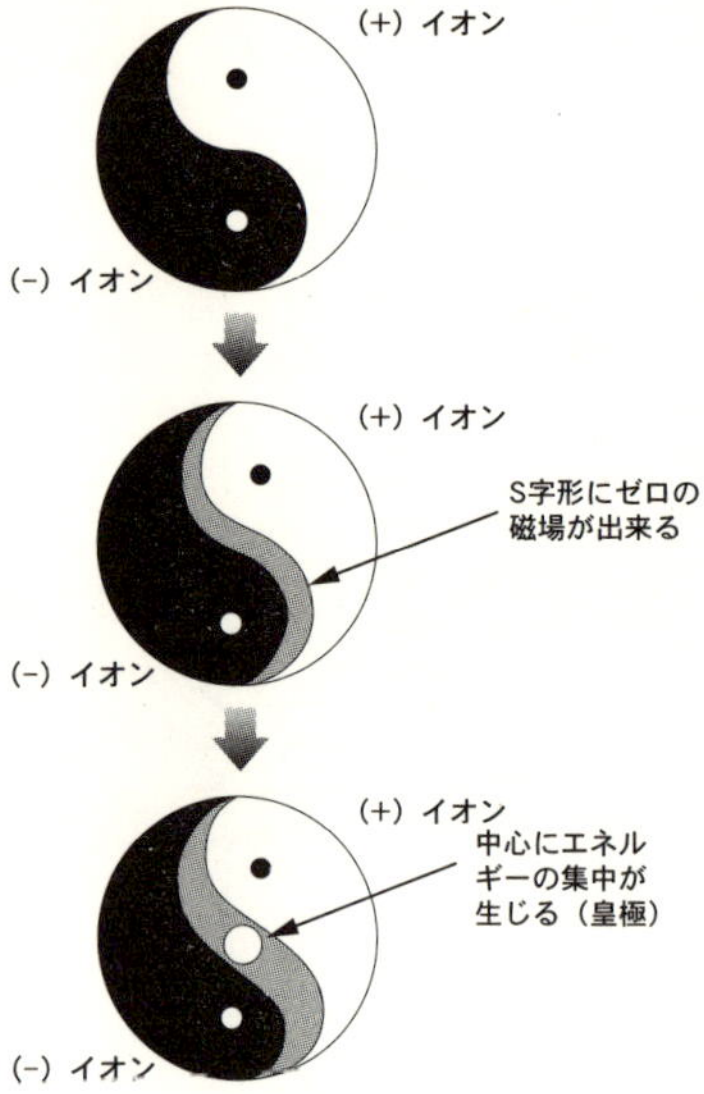

④想造量子宇宙論（佐藤政二）

生体エネルギー実践研究会で佐藤政二氏が唱えている考え方で、独自の宇宙観を展開しています。

現代科学では、宇宙は素子、素粒子、原子などを中心に論じられていますが、想造量子宇宙論では素子が生まれる元を想像し、宇宙論を造りました。最初から「仮説」と称していますが、非常に含蓄のある言葉なのでその一部を紹介しておきます。

「仮説・想造量子宇宙論」

無始なる始前界に「おこり」が起こりて起こすことにより、力（エネルギー）が生まれ、初生の量子「そうぞう」が誕生した。すべての存在の基礎を作る初生の量子「そうぞう」があらゆるそうぞうを造り、宇宙の界を限界として存在させることで成長を作る。

単一でバランスを持たない存在を現すだけの界に、源の「そうぞう」が無を定め、存在なき「無」と存在ある「無」を造ることによって、相反する性質を持つ「無」はお互い引きつけ合って一つになり不滅の「無」を造り、そして永遠を造り、無限を造り、極限を造る。

それは過去に向かって永遠、未来に向かって永遠、そして今を同時に持った「時」とバランスを作る。「そうぞう」にバランスと安定をはかったが、無明を造り混沌たる有様を生んでしまったため、これらを総合統一する基礎として「心」を存在させ、これを治めた。「心」に精髄、意、魂を起こし、そうぞう思想を持ったことで一態にまとめた。……

少々むずかしいかもしれませんが、要するに現実の世界はバランスを崩した状態で存在するので、生体エネルギーを使ってバランスのとれやすい場を作って矯正しようという、究極のゼロ・バランスの考え方を追求しているのです。

⑤スカラー波（実藤《さねとう》　遠《とおし》）

重なり合い打ち消し合ってゼロになったエネルギーは、なくなったり消えたりするのではなく、なんらかの別種のエネルギーに変換されたに違いありません。このゼロ・エネルギーをスカラー波といいます。

スカラー波とは、アメリカの科学者トーマス・ベアニンが命名したものです。スカラー波と同質の波を最初に発見したのは、ニコラ・テスラで（約一〇〇年前）、それはテスラ波として有名です。

実藤氏は、スカラー波によるエネルギーを得るためには、二つのスカラー波を干渉させることが必要だと考えました。右巻き、左巻きの二つのコイルに電流を通して干渉させるなどすれば、スカラー波を取り出すことができるとしています。

●「知」のネットワーク

調和については、本当に様々な考え方があり、様々な主張があります。しかし、様々なアプローチがありますが、その意味するところはそれほど違っていないように私には思えます。こうした主張を私なりにくみ取り、大自然と調和するための方法論を考えてきました。

私は、自然と共生するための一環として、「水」と「土」を中心に研究を続けてきました。水と土は、自然の根源となるものだからです。

私が研究開発した製品が少しでも環境の改善に役立てばという思いでやっているのですが、水や土、あるいはその他の環境問題に取り組んでいる研究所や企業はたくさんあります。

私は、そうした研究所や企業が、手を取り合ってネットワークを組み、さらに自然との共生についての研究を進めていく必要があるのではないかと考えています。一つの「知」よりも、「知」のネットワークのほうが、よりいっそう研究が深まっていくはずだからです。

それぞれに独自の理論があり、方法論があって、ネットワークを組むといっても簡単なことではありませんが、もうそんなことを言っている場合ではありません。地球環境の異変の兆候があちこちに現れていることを考えると、悠長に構えている暇はないのです。

それぞれが持っている情報を公開し、その知識やノウハウを共有することで、もっと進んだ研究が可能となるでしょう。それは多くの人々のためであると同時に、我々環境産業がその存在意義を認めてもらうためにも、ぜひとも必要なことなのです。

そのための情報公開のひとつの手段として、本書があります。私はこの本を通じて「水」と「土」のこと、環境のこと、そして私が研究開発した製品を一人でも多くの方に知っていただきたいのです。そうすれば、自然と共生して調和を保つことがいかに重要かを理解していただけるでしょうし、また「知」のネットワークの端緒が開けるかもしれません。

それでは、次の章から「水」について話を進めていくことにしましょう。

Ⅱ

地球の命・・・それは水

水が危ない

●水五訓――王陽明

一、常に己の進路を求めて止まざるは水也
一、自ら活動して他を動かすは水也
一、障碍に遭い激してその勢力を百倍するは水也
一、自ら潔うして他の汚濁を洗い然も清濁併せ容るるは水也
一、洋々として大海を充たし　発しては雨となり雲と変じ　凍っては玲瓏たる氷雪と化す性を失わざるは水也

これは中国の故事で、「陽明学」で有名な王陽明の言葉です。
水はどんな隙間にも入り込み、いつも流れていて、ときには非常に重いもの

まで動かしてしまう。ポタポタのしずくだけで岩に穴を開けてしまう。また大きな水害をもたらすほど、激しく流れることもある。そして、汚れを洗い流しもするが、水の中には汚いものもきれいなものもともに溶け込んでいる。それほど、水は大きな存在なのである。水は広大な海を充たし、蒸発して雲となり雨を降らせ、凍れば雪となる。しかし、また溶ければ流れる水となり、その性質は永久不変である。

まあ、こんな意味でしょうか。

このわずか五訓の中には、水の持つ偉大さや怖さが凝縮されています。古代の世において、これほど水というものに対して畏敬の念がはらわれていたとは驚きです。

いや、かえって昔のほうが、水に対して謙虚に接していたのかもしれません。水は人々の身近にあり、生活に密着していました。農作物を作るのに水は不可欠で、水の貴重さを実感していました。また、水は洪水によって多大な被害をもたらし、しばしば降雨や治水を願い、神として祀られました。水はそれほど人々と深く関わっていたのです。

ところが現代のように便利になると、人々は水の大切さを忘れてしまったかのようです。水道をひねればすぐに水は出てきますし、潅漑や治水工事が進み、昔ほど水害によって多大な被害を受けることは少なくなっています。水は貴重品でも、恐ろしいものでもなくなり、簡単に手に入る生活必需品の一つになってしまったのです。

しかし、本当にそうでしょうか。水は、それほど大切なものではなくなってしまったのでしょうか。

いいえ、そうではありません。私たちは水がなければ生きていけません。水は今でも必要不可欠のものであり、私たちにとって最も大切なものであることに変わりはないのです。

簡単に手に入れられるようになって、我々はそのことを忘れてしまっていますが、水はいま大きな危機に瀕しています。水は死にかけています。

これは大げさな言い方ではありません。本当に、水は大きなダメージを受け、瀕死の重傷を負っているのです。その原因は、いまさら言うまでもなく私たち人間です。私たちは、自分たちの利便さ、快適さを追求するために、水を殺してきました。

水はすべての生物の根源にあるものです。しかし、このままでは本当に水は死んでしまうでしょう。いま、私たちは本気で水について考えなければなりません。

●広がる水の汚染

水――海や川や湖は、汚れたものやゴミなどを飲み込んでしまうものだと考えられてきました。そのため昔から、ゴミは海や川、湖など水の中に投棄されていました。

たしかに海や川には浄化作用があり、たくさんの微生物が汚染物質を分解してくれます。しかし、それには限度というものがあります。いかに水に浄化作用があると言っても、許容量以上の汚染物質が流されれば、浄化しきれなくなり、水は汚れ死んでしまうのです。

高度経済成長の時代には、水質汚染の最大の原因は、工場の排水でした。工場排水には、水銀、鉛、銅などが含まれていて、各地に建設された工業団地からそれらの汚染物質が川や海に流され、水を汚していったのです。

さらにゴミを焼却するときに発生するダイオキシンやカドミウムなどが地中に染み込み、雨によって河川に流れ込むこともあります。農地やゴルフ場で使用される農薬も有害物質をたくさん含んでおり、こうした汚染物質も水を汚していきました。

しかし、このような産業廃棄物による水質汚染は、各地で発生した公害病や環境保護運動の高まりによって、厳しい規制が敷かれるようになり、だいぶ改善されていきました。

それなら、水質も良くなってきたかというと、残念ながらそうではないのです。産業が原因の水質汚染はたしかに減りましたが、皮肉なことに今度は私たち自身が水を汚す最大の原因となってしまいました。生活排水による水質汚染です。

私たちが洗濯、炊事、入浴などで使う、食器用洗剤、洗濯用洗剤、シャンプー、リンスなどは、毎日使うものですから有毒性は低く抑えられています。しかし、いくら有毒性が低くてもそれが大量に河川に流されれば、水を汚していきます。

そうです。いまや、水質汚染の元凶は、悪徳企業の傲慢さではなく、ほかならぬ私たち自身になってしまったのです。

●死にかけた水による被害

海や川、湖などが汚染されると、どのようなことが起こるでしょうか。まず、そこに暮らす魚や貝などの水棲の生物たちが汚染されます。汚染された魚を食べた人間も被害を受けることになります。それは、かつて大きな被害を出した水俣病の例を見れば明らかでしょう。

汚染が進めば、水生生物が生きていかれなくなります。かつてメキシコ湾では魚などの水生生物が死滅してしまったことがありました。その原因は、ミシシッピー川から流れ込んだ大量の化学肥料です。この化学肥料にはリンが多量に含まれていたために、リンを養分とする海中の藻が異常繁殖してしまいました。この藻が海中の酸素を独り占めしてしまったために、他の水生生物に酸素がわたらず、死滅してしまったのです。

さらに私たちの飲み水も危なくなっています。水は大きな循環をしています。雨が降り、それが地中に染み込んで地下水となり川に注ぎ、海に流れ込みます。そして海の水が蒸発して雲を作り、それがまた雨を降らします。

この過程の中で、私たちが水を汚してしまっているのです。汚染物質を流し、川や海を汚しています。そうして汚染された水が蒸発し、雨となって降り注ぎ、それをダムに貯めて飲み水に変えるわけですから、危険がないわけがありません。

飲み水にするには殺菌消毒するから、そんな危険はないはずだと思う方もいるでしょう。しかし、飲み水の殺菌消毒には大きな問題が潜んでいます。それについては、後ほど詳しくお話ししましょう。

それに、もう一つ大切なことがあります。水には、汚染物質が含まれている含まれていないということのほかに、もっと大事なことがあるのです。

水は生命の根源です。多くの生命を誕生させ、育んできました。そこには水の持つ神秘的で不思議な力が働いています。実は、水の持つこの神秘的で不思議な力こそ、本書の重要なテーマであり、みなさんにお伝えしたいことなのです。

王陽明が「水五訓」を著した中国では、そのことがよくわかっているようです。二一世紀は食べ物より、水のほうが大切だと言っています。

日本はこれまで、わりと水には恵まれてきた国なので、あまり危機感がないかもしれませんが、世界では死にかけた水をどうするかということが大問題となっています。

●塩素消毒された水の怖さ

水道水がどのようにして作られているか、ご存じでしょうか。ダムなどに貯めた水を濾過し、各種の薬品で殺菌消毒するわけですが、そこには二つ大きな問題があると言われています。

ひとつは塩素による消毒です。浄水場で殺菌剤として使われる塩素が、水に含まれる何も害のない物質と反応してトリハロメタンという発ガン性物質を発生させることがわかりました。この問題については、マスコミでも大きく取り上げられましたから、ご存じの方も多いことと思います。

しかし、飲む水の怖さは知っていても、洗浄する水の怖さは意外と知られていません。いま、一部の専門家の間で危険性が指摘されているのが、洗浄のために使われる水、具体的に言うとトイレで肛門や性器を洗う洗浄機の水なのです。

どういうことかというと、塩素は殺菌剤として使われるくらいですから、非常に酸化力が強いのです。それほど酸化力が強い塩素を含んだ水を肛門や性器の洗浄に使っているのですから、腸や膣の内部、子宮まで酸化されやすくなるのは容易に想像がつきます。

いま若い女性に子宮内膜症などの病気が増加しているのは、ひとつにこのトイレ洗浄機によって、塩素を含んだ水を使っていることが原因ではないかとも言われています。水道の蛇口には浄化フィルターを取り付けている家庭も多いと思いますが、トイレ洗浄機には浄化フィルターは付いていません。

もう一つ、水道水で問題になっているのが、凝集剤です。これは水中に含まれた不純物を吸着させて凝固させてしまうもので、ポリ塩化アルミニウムというアルミの化合物が使われています。アルミの吸着力の強さを利用したものです。

この凝集剤によって、不純物が固まり底に沈殿して、澄んだ上澄みだけを飲料水に用いるわけですが、そこにはどうしてもポリ塩化アルミニウムが残ってしまいます。

実はアルミというのは、人体に入ると非常に抜けにくい金属の一つで、ボケを引き起こすアルツハイマー病は、アルミが脳に入ることが原因であると言われています。つまり私たちは、水と一緒にそんなに危険なアルミ化合物を飲んでいるわけです。

梅雨時にたくさん雨が降り、水がたくさんある年ならば飲料水の浄化処理もきちんと行われるでしょうが、渇水で水不足のときには、十分処理する時間がありません。それで不完全なまま、つまりポリ塩化アルミニウムなどがかなり残留したまま家庭に流すこともあると聞きます。

家庭用の浄水フィルターがわずか一週間程度で詰まってしまって、水の出が悪くなることがありました。中を見てみると白いフィルターはまだ汚れていません。それなのに、水が出てこない。調べてみるとフィルターにアルミ化合物がたくさん付着していました。白いのでフィルターの色も変わらず、見た目にはわからなかったのです。これは実際にあった例です。

それでも浄水フィルターを付けていれば、ある程度アルミ化合物を取り除くことができますが、浄水フィルターを付けていない家庭では、そのままアルミ化合物を体内に入れているということになります。

私たちが普段口にしている飲料水でさえも、ここまで危険をはらんでいるのです。

●水の生命パワーまで破壊している

しかも、このような有害物質にさらされているということだけではなく、もう一つ大きな問題に直面していると私は考えています。それは消毒して殺菌することがいいかどうかということです。もちろん有害物質を含んだ水を飲むのは危険ですが、殺菌するということはいい菌も悪い菌もすべて殺してしまうということです。一見安全なように思いますが、それは我々の菌に対する抵抗力を著しく低下させることになります。

さらに、こうした殺菌消毒によって、水の持つ神秘的で不思議な力、生命の根源を育んできた「命のパワー」までも破壊してしまうことになるのです。じつを言うと、私はそこに一番の問題があるのではないかと思います。

私たちは水を汚し、今度はそれを徹底的に加工し、水の持つ生命力を壊してしまった。それはすなわち、私たち自身の生命力を低下させることにつながります。

水の不思議

●水という不思議な物質

地球の表面の実に七割は水に囲まれています。我々の体の七割も水分です。水は私たちにとっても、地球上のすべての生物にとっても、また地球自身にとってもかけがえのない存在なのです。

しかし、それほどかけがえのない存在でありながら、水とはどういうものなのか、あまり知られていないようです。灯台もと暗し、あまりに身近すぎて、目がいかなかったのでしょうか。

水は非常に不思議な性質と力を持っています。ここでそのすべてを明らかにすることはできませんが、そのほんの一端をご紹介しましょう。

まず、水とは何でしょうか?

奇妙な質問に思えるかもしれません。でも、考えてみてください。ご存じのように、水は水素と酸素の化合物H_2Oです。激しく燃える水素と、燃焼を助ける酸素という非常に危険な物質がくっついて水というきわめて安定した物質になります。しかも水は火を消すのです。どうですか？　とても不思議だと思いませんか？

●地球の水はどこから生まれたのか？

では、水はいったいどこから生まれたのでしょうか？

その一つの解答は、宇宙です。宇宙には宇宙線が飛び交っています。その多くは陽子（水素の原子核）で、地球の上空にやって来た陽子は電子をつかまえて水素原子となります。水素原子は酸素原子と反応しやすく、そこで水が発生することになります。このようにしてできた宇宙の水は、毎年一トン半にものぼるということです。

しかし、地球上に存在する水は宇宙からやって来たものだけではありません。

地からも涌き出しているのです。もちろん、それは地下水のことを言っているのではありません。地下水は空から降った雨が地中深く染み込んで涌き出してくるものですが、それとは違うのです。

地球の中心核と表面の地殻の間には、マントルと呼ばれる部分があります。マントルを形成している岩石が熱によって溶かされるとき、岩石にとじこめられていた様々な物質が揮発していきます。塩素、窒素、炭素化合物、硫黄などです。このとき、それらの物質に混じって水蒸気が出るのです。

地質学者たちの計算によると、これまで火山の噴火などで地上に吐き出された水蒸気は、地球の海洋を満たすほどの量になることがわかりました。

私たちの周りにある水は、このようにして生まれてきたのです。

私は、これらの事柄から次の様に解釈しています。

「水とは、太陽と地球と月が完全調和した結果出来たもので、生命を育む為になくてはならない物として存在させられたのです。太陽の水素と地球の酸素が月が宇宙のエネルギーを反射して完全調和して出来たものだと思います。潮の満ち干きは、月が水に生命を吹き込んでいるのです。本当の水は、これ等のエネルギーがバランスよく満ちていなければならないのです」

●水は何度で沸騰するのか？

さて、ひとつ質問をしてみましょう。水は何度で沸騰しますか？　何を馬鹿なことをと思われたかもしれません。「一〇〇度に決まっているじゃないか」そういう声が聞こえてきそうです。

その通りです。私たちは理科の授業で、一気圧のとき水は一〇〇度で沸騰すると教えられてきました。しかし、理論上から言えば、水が一〇〇度で沸騰するのは非常に不可思議なことなのです。

みなさんは化学の授業でメンデレーエフの周期律表をご覧になったことがあると思います。元素が並んだあの表のことです。暗記に苦労した人もいることでしょう。

このメンデレーエフの周期律表は、同じ仲間の元素をグルーピングしていますが、同じ仲間は性質が似ています。たとえば、酸素の仲間が水素と結合した物質を調べると、沸騰点はだいたい似かよったものになるのです。

そうやって酸素の水素化合物、つまり水の沸騰点を計算すると、マイナス八〇度でなければならないことになります。一〇〇度どころか、さらに八〇度も低い温度で沸騰することになるのです。

なぜ計算値と実測値が一八〇度も違うのか。それは、水の分子が非常に強くて複雑な結合をしているからなのですが、どうしてそんなに強くて複雑な結合をしているのか、明快に説明することはできません。水が持つ非常に不思議な性質なのです。先程説明しましたが、水は太陽・地球・月のエネルギーが完全調和した結果である、というのもうなずけると思います。私たち生命体の為に特別に作られたものなのです。

●水は何度で凍るのか？

今度は氷点、つまり水が凍るときの温度について考えてみましょう。水が凍る温度は、誰でもご存じのように〇度です。しかし、この温度も化学的見地から見ると、非常に不可解だと言えます。

先ほどと同じようにメンデレーエフの周期律表から考えると、理論上はマイナス一〇〇度で凍らなければなりません。しかし、実際には〇度で凍ります。その差は一〇〇度もあります。

このように、水には物理的・化学的な規則性があてはまりません。まったくもって不思議な物質です。

凍ったら凍ったで、不思議なことがあります。氷が水に浮くことです。これまた何を言っているんだと思うかもしれませんが、物理的・化学的法則からすれば、氷が水に浮くことはおかしなことなのです。

というのも、たいていの物質は液体から固体に変わるときには体積が減少します。重さが同じで体積が減るということは、密度が大きくなるということです。

もし、水が凍って氷になったときに、密度が大きくなるとしたらどうでしょう？　氷は水に浮かばずに沈んでいきます。

ところが、水は個体になると、つまり氷になると、体積が増加します。個体になるときに体積が増加するのは、水のほかにビスマスなど限られた物質だけです。体積が増加するということは、密度が小さくなります。そのため氷は水に浮くのです。

もし氷の密度が水より大きかったとしたら、氷は海や湖の底へ沈んでいきます。そしてやがては、すべて凍りついてしまうことになるでしょう。そうなると、もう海や湖に生物は棲めなくなります。地球上に生物が発生することもなかったかもしれません。

しかし、幸いなことに氷は水より密度が低く、水に浮きます。そのため氷は海面に浮かび、海中は水のままです。水の密度は約四度で最大になりますから、深海では四度前後に保たれ、それは海中生物に大きな影響を与えています。

●水は何種類もある?

さて今度は、水の種類です。驚かれるかもしれませんが、水は何種類もあるのです。いや、それより純粋な水のほうが珍しいと言ったほうがいいかもしれません。それにはいくつかの理由があります。

水はH_2Oですが、水素には二つの同位元素があり、酸素には三つの同位元素があります。同位元素というのは、原子番号が等しく、原子量が異なる元素のことです。これらの同位体を組み合わせると、一八種類の水が存在することになります。いつも私たちが飲んだり使ったりしている水は、これらの混合体なのです。

水が珍しいもう一つの理由は、水が物を溶かす能力がきわめて高いことにあります。

空気中には二酸化炭素や窒素など、様々な気体が混じり合っていますが、水はこれらの気体を簡単に溶かし込んでしまいます。気体ばかりではありません。岩石や金属、ガラスまでも溶かします。海水には六〇種類以上の元素が溶け込んでいるのです。

しかも、ある一つの物質が溶けると水はさらに物を溶かす能力を強力にします。たとえば、空気中の二酸化炭素を溶かすと水は酸性になります。酸性になると、ますます水は多くの物質を溶かすようになるのです。

ですから純粋なH_2Oだけの水というのは、ほとんど存在していないのです。実験室でしか作ることはできません。

水から不純物を取り除き、溶け込んでいる気体も除去してしまうと、水は一〇度まで加熱しても蒸発せず、また、どんなに冷やしても凍ることはありません。これも水が持っている不思議な性質の一つです。

●水が情報を持っている？

水が持つ不思議な性質で、もう一つ重要なことを指摘しなければなりません。それは「水が情報を持っている」ということです。

水が情報を持っている？　おそらく、みなさんは眉をしかめることでしょう。しかし、これは事実なのです。

たとえば、それはこんな現象から読み取ることができます。水に磁力をかけるとどうなるでしょう。理論上は何も起こりません。専門家も、磁場がなくなれば水はすぐに元に戻ると言うでしょう。

しかし、実際は違います。ボイラーに普通の水を入れて沸かすと、中に溶け込んでいる塩分が析出し、ボイラーの内壁に石のようにこびりつきます。しかし、磁気をあてた磁化水を使うとどうなるでしょうか。塩分は析出して石のようになりますが、内壁にこびりつくことなく、ボロボロと底に沈むのです。たいした違いはないと思うかもしれませんが、そうではありません。発電所などの巨大なボイラーの内壁に塩分がこびりつくと発電能力が大幅に低下してしまいます。そのため、理論上はどうしてそうなるかはわからないのですが、発電所では磁化水を使っているのです。

つまり、これはどういうことかと言うと、水が磁場の働きを覚えているということです。どうしてかはわからないのですが、一度磁気をあてると水は何十時間もそれを記憶していることが確かめられています。

どうですか？　不思議な現象でしょう。また、こんな現象もあります。

雪解け水に植物の種をひたすと発芽するのが早く、雪解け水をいつも飲んでいるひなどりは成長が早いのです。

化学的に見ても、雪解け水は粘性率や誘電率が普通の水と違います。それが植物やひなどりの成長を促進する要因かどうかはわかりませんが、雪解け水の粘性率の値が普通の水と同じになるには三〜六日くらいかかるそうです。

このような現象を水の「構造記憶」と呼び、多くの研究者がなぜこのような性質を持つのか調べていますが、残念ながらまだ詳しいことはわかっていません。

しかし、発電所で経験上の利点から磁化水が用いられているように、水の構造記憶を利用したさまざまな実践がすでに行われています。

じつを言えば、私が行っている研究も、またその研究の結果開発した「水」も、この構造記憶を利用したものなのです。水が記憶するという性質を使って、「良い情報」を水に記憶させたのです。その実際については、これから詳しくお話ししていくことにしましょう。

水と波動（サトル・エネルギー）

●運命的な「水」との出会い

私が「水」と関わるようになったのは、内水護博士との出会いがあったからです。内水博士は、特殊な腐植土を使った「自然浄化法」で、有機排水の処理を指導していました。その内水博士に「村田さん、肥溜めの作り方知っていますか？」と声をかけられたのです。

I章で述べたように、肥溜めには先人たちの知恵が受け継がれています。肥を腐熟させるために土をかけ、その中の微生物の助けを借りたのです。この原理を利用し、内水博士は汚れた有機排水を無臭で、しかも渓流魚が暮らせるほどきれいにすることに成功していました。

このことを現場で確認した私は、いっぺんに水の虜になってしまい、それまで二〇年間やっていたコンピュータの仕事を辞め、水の研究に残りの生涯を賭けることにしました。二一世紀をになう子供たちに、何かを残したいと考えたからです。私は「水と健康」、そして水や生物を活性化する「土壌菌」をテーマに選び、研究を行ってきました。

その過程で、私は「波動」というものに突き当たりました。波動……耳慣れない言葉だと思いますが、ここでは生命の根源となるエネルギーとでも言っておきましょう。なぜ、波動に行き当たったのか？　それはＭＲＡという測定器と出会ったことがそもそもの始まりでした。

当時、πウォーターや電子水が健康にいいと評判になっていました。たしかに、それらの水を飲んでいる人たちからは口々に「体が丈夫になった」「風邪をひかなくなった」「植物がよく育つ」といった声が寄せられていました。しかし、なぜπウォーターや電子水が健康に良いのか、その原理はわかりません。そもそも、これらの水がどの程度良いものなのか測定する機器がなかったのです。

そんなとき、ある人の紹介でＭＲＡの存在を知りました。このＭＲＡは、磁気共鳴分析器といわれ、水と生命体がどの程度共鳴するかを測定することができます。私は直感で「これしかない」と思いMRAを購入し、水の共鳴実験を始めたのです。

その結果、良い水を作り出す素晴らしいものがいろいろ開発できましたが（それについては後ほど詳しくご説明します）、物質が持つ波動というものについて、深く知ることになり、またその可能性の大きさに驚くことにもなったのです。

●波動とは何か？

先ほどは「生命の根源となるエネルギー」と大ざっぱに言いましたが、実のところ波動とは何でしょうか？

波動は非常に微弱なエネルギーであると考えられています。エネルギーには、重力、磁力、水力、火力、電力、原子力など様々なものがありますが、波動はこれらのエネルギーの最小単位であるという説が定着しています。

図3を見てください。音や電磁波、光などの計測できる三次元波動よりさら

に小さい四次元波動。原子核のエネルギー粒子であるクォークよりも微弱なエネルギー、それが波動なのです。

図 3

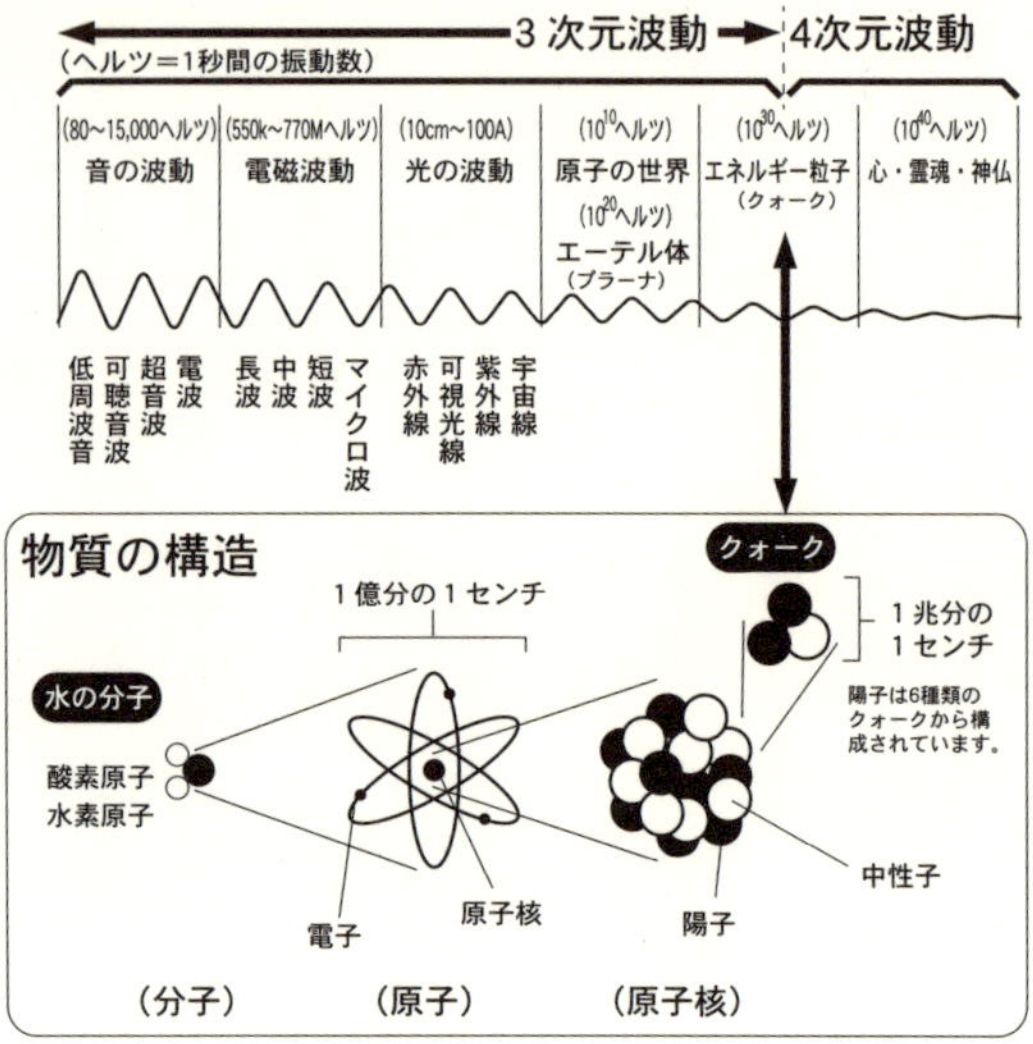

現在のところ、波動を数値で測定できるのはMRAが有力です。しかし、それはオペレーターを媒介とするために、オペレーターへの依存度が高いという欠点があります。そのため現代科学では、まだ一部の研究者にしか認知されていませんが、サトル・エネルギー学会が作られ、この微弱なエネルギーの正体を解き明かそうとする試みが始まっています。サトルとは微弱なという意味です。

私もサトル・エネルギー学会の理事を務め、その中の工業部会で「水とサトル・エネルギー」というテーマを与えられ、日夜研究と実験に明け暮れています。まだ、このエネルギーの正体を完全に突き止めるところまでいっていませんが、いつの日かその尻尾をつかまえたいと思っています。

●波動をめぐる様々な説

私たちは波動をエネルギーの最小単位と捉えていますが、これまで様々な角度からこの微弱なエネルギーが語られてきました。それはおそらく同じものを違った観点から眺めた結果であり、そのどれもが正解であるかもしれない仮説です。

波動のことをもっと理解していただくために、これまであげられた仮説の幾つかを紹介してみましょう。

①波動＝ライフ・フィールド仮説

イエール大学医学部のハロルド・サクストン・バー教授は、すべての生命体は肉体の周辺を包む電気的・電磁的な場を持っていると発表しました。そして、それをライフ・フィールド（生命場）と名付けたのです。

このライフ・フィールドは、他の物質の波動を直感的に感じ取ります。たとえば、動物が害のある水には目もくれず、良い水を自然と選ぶのも、体に良い木の実のありかを知っているのも、このためです。

②波動＝有機エネルギー仮説

五〇〇〇年前からインドに伝わる古代医学アーユルヴェーダでは、生命体を構成するのは現代科学で認知されているエネルギー（無機エネルギー）と、見えない領域の現代科学では認知されていないエネルギー（有機エネルギー）からなっているとしています。この有機エネルギーこそ波動ではないかと考えられています。

③波動＝宇宙仮説

宇宙に存在するものすべてが波動であるという考え方です。太陽も地球もその他の惑星も、また地球上で起こるすべての自然現象は波動の動きによるものです。人間関係や経済、社会の動きも波動によるものだと考えられます。

④波動＝「超ひも理論」の思念波仮説

素粒子論の最新理論のひとつに「超ひも理論」というものがあります。この理論では新しい素粒子「サイ粒子」の存在を仮定していますが、このサイ粒子が波動の元になると考えられます。

物理学で明らかな電磁気が光子によって電磁場を生じ、電磁波という波動を生み出すように、サイ粒子は思念波によって生命場とでも呼ぶべき生命の根幹となる力を創出するのです。

●日常生活における波動

このように波動をいろいろな角度から眺めてみると、また違った観点を得ることができます。つまり、私たちの日常生活が波動によって動いているのではないかという見方です。

たとえば、人と付き合うとき、私たちは「気が合う」とか「気が合わない」といった感覚を抱きます。この感情を論理的に説明しようと思ってもなかなかできません。説明できないけれど、そう感じてしまうのです。

これを波動によって考えてみたらどうでしょうか? 自分の持つ波動と相手の持つ波動がうまく共鳴したときに「気が合う」と感じ、波動が共鳴しないときに「気が合わない」と感じる。これが人と人との相性の正体なのです。

また「病は気から」ということが昔から言われています。現代医学でも、そのことは証明されています。悲観的・否定的・絶望的感情を持った患者さんより、楽観的・肯定的・希望的感情を持った患者さんのほうが、はるかに治癒する確率が高いのです。

これは感情のマイナス波動が原因です。悲観的・否定的な感情を持つことによって、波動はマイナスとなり、生命力が低下してしまうのです。逆に楽観的・肯定的感情を持つ場合は、感情の波動はプラスとなり生命力はアップします。ですから免疫システムも活性化され、抵抗力もつき、病気を治癒する確率も高まっていきます。

つまり、よくはわからないけれど、何となくそうなるというような現象には、波動が関係していると考えられます。まだ確証が得られたわけではありませんが、超能力や心霊現象も波動のエネルギーが関与していると思われます。サトル・エネルギー学会では、これまで眉につばをつけて扱われていた超能力や心霊現象をサトル・エネルギー、つまり波動から解明していこうという試みもなされています。

●波動の性質とは？

このようなことを考えてみると、波動には幾つか特筆すべき性質があることがわかります。その性質とは・・・。

①波動は波であり伝わる

昔からよく言われるように、「以心伝心」や「虫の知らせ」などは、意識の波動が伝わったものです。

②波動は共鳴する

「気が合う」「体に合う」といった現象は、似た周波数の波動が共鳴し合うことによって感じることができます。

③波動は干渉する

逆に周波数の違う波動は互いに干渉し、雑音のようなものを生じます。これが「気が合わない」「虫が好かない」「嫌な予感がする」の正体です。

④波動は場を作る

波動は場に影響を与えます。たとえば波動が高い土地で商売をすれば大勢の客が押し寄せて商売繁盛しますし、作物を植えれば豊作となります。しかし波動が低い土地では、なぜか事故ばかり多発したり、作物がきちんと育たないといったマイナスの現象が多く起こります。

⑤波動はエネルギーを持つ

物質だけではなく、精神も想念もエネルギーです。波動はそうした目に見えないエネルギーの根幹をなすものです。

どうでしょうか。これで少しは波動についてご理解いただけたでしょうか？ 実際のところ、波動についてはまだわからないことがたくさんあります。しかし、波動の研究は、今各方面から大きな注目を集め、二一世紀を支えるテクノロジーとして期待されています。

ただ、この波動もただ出ていればよいのではなく、調和がとれていなければ本当の力を発揮できません。高波動とか低波動、良い波動、悪い波動などといわれていますが、本当は低を知り尽くした高波動、悪を知り尽くした良い波動でなければ本当の波動ではないのです。1章で述べた調和論は、そういう意味でも非常に重要なことだと言えるでしょう。

良い水とは何か

水については、化学的指標、物理的指標、波動的指標などいろいろあります が、健康に良い水の指標というのは、まだまだ仮説の域を出ないのが実状です。ここでは、そのことを前提にして、私なりに良い水の指標を説明していくことにしましょう。

①クラスター

クラスターとは、水分子（H_2O）集団で存在する統計的大きさのことですが、一般的にはクラスターが小さいほうが体に良いとされています。しかし、確たる証拠は何もありません。NMR（核磁気共鳴装置）の数値もあまり信用できません。私は、ある一定の整ったクラスターが重要な要素であると考えています。

ここでは、パトリック・フラナガン博士の説を紹介するにとどめます。

「水が凍り始めると、水素結合が液晶を作り始める。その基本構造は六角形である。これらが雪片に見られるようなより大きな六角形構造を形成する。最終的に氷になってしまうと四面体構造となる。ところが普通の水は、不定数の分子群で構成された高度に複雑な構造を持っていて、これが熱攪拌運動により狂気のように水中を動き回っているのである。この混沌の海の中には、高度に組織化された水分子の液晶が浮遊している。この液晶構造は互いに結合し合った水分子群で構成されたものである。

単一水分子内では、それぞれ正電荷を持つ頂点が二つと、負電荷を持つ頂点が二つという形で四面体を作る。（下図）

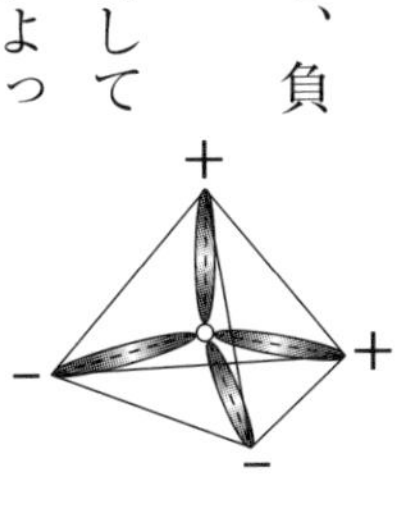

水分子同士は、水素結合により互いに別の水分子と結合している。数多くの四面体結晶構造に入り交じって水素結合によって結合されていない単体の水分子も存在する。だからこそ「混沌の海」なのである。こうした単分子水の一部が、水の構造全体の充填密度の低いところを埋めている。

生体システム内の水は高度に構造化されている。すなわち、高い割合で存在する八角形の液晶（四面体八個・下図）ときわめて低い確率で存在する無秩序で組織性を持たない分子とで構成されている。これに対し、普通の水は大部分がランダムな分子群と少数の構造化された液晶とでできている。

構造化した四面体の分子と水素結合していない分子、つまり構造化されていない分子との間には、絶えず熱交換のプロセスが見られる。これは熱運動の結果にほかならない」

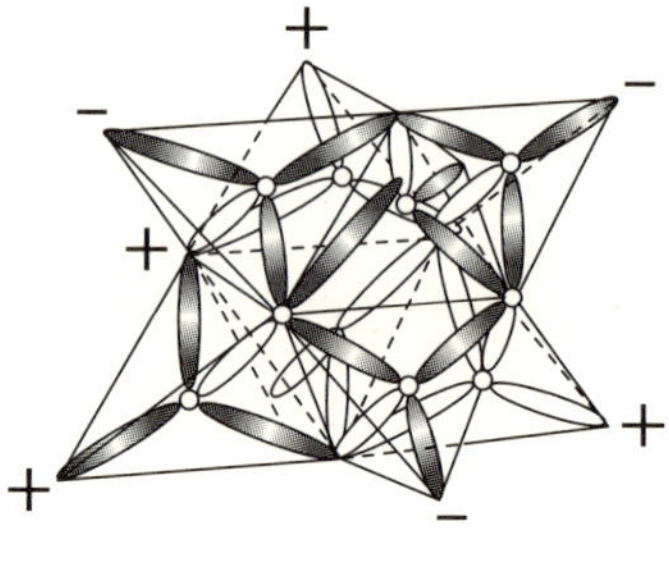

②ミネラル

ミネラルとは鉱物という意味で、金属の化合物（無機塩類）のうち栄養素として必要なものをさしますが、水の中のミネラル分について誤解されている部分がありますので補足的に説明します。

水の中のミネラルは、無機塩類として溶けています。このミネラルは、私たちの体内でも一部吸収されますが、大部分はそのまま流れ出ます。

だから、水の中にミネラルが多く入っていればいいとは言い切れません。一部のミネラルは、体内に残って弊害をもたらす場合もあります。例えば、カルシウムイオンの多すぎる水を飲みすぎると、下痢をしたり骨粗しょう症になり易くなります。

水の中のミネラルは、情報を運びやすくするための触媒的役割のほうが大きいのではないかと思います。本当に重要なミネラルは、食べ物から有機塩類として摂るべきなのです。われわれ動物は、植物のように無機栄養素を有機栄養素に変える力はあまりありません。したがって、水に過度にミネラルを溶かし込むのは考えものです。

③酸化還元電位（ORP）

酸化還元電位とは、酸化されやすさの度合いを数値化したもので、数値が大きいほど酸化されやすいと解釈します。逆に、数値が低いほど還元力（酸化されにくい）が強いと言います。

ORPの測定は非常にむずかしく、どの値が正しいのか判断しにくいのですが、だいたいの指標は次の通りです。

水道水　750～460mV　市販のミネラル水　300～200mV

自然水　300～110mV　アルカリイオン水　－400～－150mV

セラミック活水器　300～200mV　酸性水　400～200mV

但し、このORPはアルカリ性が強い程低い値になり易いのでアルカリイオン水の値が低いのは当たり前なのです。

還元電位が低いから体に良いかどうかは、別の問題です。還元電位が低ければ酸化されにくいことは確かなのですが、活性化とは必ずしも一致しません。活性化については、還元電位の他の要素も考える必要があると思われます。活性水素などが言われていますが、まだまだ研究の余地があるようです。

④ペーハー（水素イオン濃度）

これは酸性かアルカリ性かを示すものです。一～七は酸性、七～一四はアルカリ性です。人間の血液は弱アルカリ性（七・二程度）ですから、私たちが飲む水も弱アルカリのものがよいとされています。ただし、極端なアルカリ性は気を付けたほうがいいと思われます。

⑤マイナスイオン

空気中のマイナスイオンが体にいいと言われています。飲む水についてマイナスイオンを測定しても意味がありませんが、空気中に加湿器などで散布した場合、マイナスイオンが発生しやすくなります。そのとき、活性化された水のほうがマイナスイオンが増える傾向にあると言われています。まだまだ研究が必要ですが、空気を改質するための水として今後注目していく必要があると思います。

⑥電気伝導度

別名ECとも呼ばれているものですが、水の中の電気の通りやすさを表します。電気を通しやすいミネラルがどれだけ入っているかという指標です。

日本の水は、ミネラルも少なく五〇～一〇〇μs程度のものが大多数です。塩が入ると急に数値が上がります。これはナトリウムが非常に電気を通しやすいからです。

水に「気」を入れたら、伝導度が上がると報告されています。これは水のクラスターが整うことにより伝導度が上がったものと考えられます。

⑦洗浄力

水の表面張力が落ちると、よくものを濡らしやすくなります。そうすると水となじみやすくなり、洗浄力がよくなります。トルマリン（電気石）は、永久電極を保有している関係で微弱な電気分解を起こし、その結果水の表面張力が下がります。だからトルマリンを使うと洗剤がなくてもきれいになるのです。生体の活性化と洗浄力は別問題だと考えたほうがいいでしょう。

⑧磁気力

磁石についてはいろいろな説があり、水道管のスケール落としにはかなりの効果が謳われていますが、活性化との関係についてはまだよくわかっていません。水が何らかの変化をすることは間違いありませんが、極性、強さ、保磁力などまだまだ調査すべきことが残されています。ゼロ磁場との関係を意識して研究するとおもしろいでしょう。参考事例ですが、磁気水で育てた鶏の卵はある時期までは良いのですが、その時期を過ぎると急激に劣化する事が報告されています。

ここまで述べてきたことは、水の活性化に何らかの影響をおよぼす項目ばかりです。ただし、生命体との関係から考えていくと、もっと総合的にとらえていく必要があると思われます。今後の大きな課題です。

その他、コロイドやゼータ電位、水素陰イオン（活性水素）、活性ケイ素等色々論点はありますが、まだ不明確な部分が多いので今回は省略します。

Ⅲ

「命の水」を創造するバイタル波動システム

波動を測定するＭＲＡの不思議

●江本氏との出会い、ＭＲＡとの出会い

私が波動というものに出会い、そして「良い水」を作る研究を飛躍的に進歩させてくれたのが、ＭＲＡ（磁気共鳴分析器）でした。水の良し悪しを客観的に判断する方法はないものかと思案していた私は、ある縁があってＩＨＭの江本勝社長とお会いしました。

江本氏は日本における波動研究、波動理論普及の第一人者で、ここまで波動が知られるようになったのは、氏の『波動時代への序曲』（サンロード出版）、『波動の人間学』（ビジネス社）、『波動の真理』『波動と水と生命と』『波動革命』（以上ＰＨＰ）などの著作がベストセラーになったことが大きな要因でしょう。

その江本氏と知遇を得て、私はアメリカにＭＲＡという波動分析器があると

いうことを知ったのです。そのとき、なぜか不思議な魅力にひかれたのです。いま思えば、それこそ波動の共鳴かもしれません。私は江本氏とともにアメリカに飛び、開発者のウェインストック氏に会いました。

ＭＲＡは、ヴィッとかブップーという音で共鳴か非共鳴かを判定するもので、生体から物質まで共鳴磁場を測定することができます。私は「これだ！」という思いを強く抱き、帰国後すぐに購入し取り寄せました。

この出会いがなかったら、後に説明します各種セラミックや土壌情報水などの開発はできなかったでしょう。そう思うと、深い感慨がこみあげてきます。

●ＭＲＡのオペレーティング

ＭＲＡについて、もう少し触れておきましょう。ＭＲＡとは、波動、つまり現代科学では説明し得ない微弱なエネルギーを測定する器械です。いまから約一〇〇年前、アメリカのスタンフォード大学医学部のＡ・エイブラムス主任教授によって発見された「ラジオニクス」が、最新のエレクトロニクスやコンピユータ技術によって進化したものです。

ＭＲＡで波動を測定するには、オペレーターを媒介とします。人や物質の微弱なエネルギーを無意識のレベルでオペレーターが関知し、判定していくのです。ですから、オペレーターの意識というものが重要になってきます。熟練したオペレーターが、意識を透明化した時データの信頼性は高くなりますが、未熟なオペレーターのデータや、習熟していても体調が悪かったり意識が過剰だったりすると信頼性が低下することもあります。

図４

波動数値	
−21〜−16	大変不健康（手術レベル）
−15〜−10	不健康（治療、投薬レベル）
−9〜−5	少し弱っている（要注意レベル）
−4〜+4	健康でも不健康でもない
+5〜+9	少し健康
+10〜+15	健康（風邪をひいても寝込まない）
+16〜+21	非常に健康（悪玉を寄せ付けない）

判定は、オペレーターがＭＲＡから出る微妙な音の変化を聞き分けて行います。具体的には+21から−21の数値となって表れます。図４にあるように、+21や−21という数値はめったに出ません。

簡単にＭＲＡについてお話ししましたが、より詳しくお知りになりたいという方は、小生の前著『危機の水を救う』か前述した江本氏の著作をご一読されることをお薦めします。波動がどういうものか、MRA測定の実際、波動の応用実践方法などが非常にわかりやすくまとめられています。

ただし、このMRAは機器が測定しているのではなく、意識（潜在意識と顕在意識）が大きく関与して答えが出ているということをしっかりと頭に入れておいてください（サトル・エネルギー学会でも報告されています）。では、MRAのデータは使えないかと言えばそんなことはありません。科学的なデータと併用すれば、底知れぬほどの可能性を秘めています。

●波動とMRAを使って何ができるのか？

波動を計測したり転写したりできるMRAは、波動値を測定するほかに、様々なことに利用することができます。どんなことができるか、その一部を紹介してみましょう。

・パーソナルコードの作成

人や物質のパーソナル波動を作ることができます。パーソナル波動とは、人や物質の波動を調整する波動（調和させる波動）と考えればわかりやすいと思います。このパーソナルコードを、波動を保持しやすい水に記憶させ、その水を飲食物に使うことによって体調を整えることができます。治療行為だという人もいますがそうではなく、その人の波動を修正できるエネルギーを送っているのだと考えます。私の周辺だけでも数百人の人々が難病から解放されています。

・波動の相性診断

人と物、物と物などの波動の相性を知ることができます。これはどのように応用可能かと言いますと、薬の服用や食品や化粧品を加工するときに有効です。その薬がその人に合うかどうか、ものとものを混ぜ合わせるときにそのもの同士の相性を確かめることができるのです。

将来は臓器移植の際などに、患者さんと移植する臓器の相性が事前に確認できるようになれば素晴らしいでしょう。

・毒素波動などの影響チェック

たとえば農産物に農薬の波動がどの程度残っているか、水銀などの毒素が体のどの部分でもっとも反応するか、どこに影響しているかといったことを簡単に調べることができます。

あるときなど、肌がどうしても荒れて医者を転々としても全然治らない人をチェックしたら、カビの毒素が−19と出たことがあります。波動水を作ってあげると、一カ月ほどですっかり良くなってしまいました。

この機能を応用すれば、ガンの転移の程度なども波動的に計測可能です。しかし、まだ波動の概念が一般的に浸透していませんので、ＭＲＡが医療分野で活用されるのはもう少し先のことになりそうです。

・波動転写

前に申し上げたように、水には記憶する力があります。それを利用して特定の波動を水に転写することができます。これが転写水です。ただし、構造化された良い水でないと転写された波動はすぐに消えてしまいます。現在、波動転写器が数多く出回っていますが、この原理を応用したものです。

応用例として、波動パーマという方法がありますが、これはその人の波動水で薄めたパーマ液でパーマをかけるというものです。このパーマ液を使うと、パーマ液を三分の一程度まで少なくしても同様の効果があり、なおかつ毛髪がまったく痛まないという利点も生まれます。

この転写器なども、ゼロ磁場をいかに作るかが、効果の分かれ道になっているようです。

・物質波動のコピー

Aという物質の波動をBという物質にコピーすることができます。化学物質的にはコピーできませんが、波動的にコピーすることで、機能もある程度コピーできているようです。

麻酔薬を水にコピーし、その水で麻酔をかけて手術したとか、農薬をコピーした水で効果があったとか、いろいろと報告されていますが、こういった使い方は命にも影響を与えるので十分テストしたうえで実用化しないと危険です。

今後、ホメオパシー理論を併せてこの機能をもっと研究すれば、農薬や消毒液の使用量や薬の投与が少なくなり、より健全な社会にすることができるかもしれません。

・波動注入

端子から特定の波動をものや人に直接注入することもできます。

私の体験では、ギックリ腰の人は約二〇〜三〇分の注入で良くなってしまいます。歩けなくて這うようにして来た人が、注入後、普通に歩いて帰ったり、パーキンソン氏病で歩けなかった人が腕を軽く支えてあげるだけで歩けたり、しゃべれるようになったりします。

ただし、これはまさに治療行為にあたりますので、今は行っていません。治療院で使っている人などが活用すると効果的でしょう。

超自然活水器「ミネルバ・シリーズ」の驚異

●水をシステム・デザインするバイタル波動システムとは？

水は地球の表面の七割を覆っています。また地中にも大量の水が蓄えられ、生物を育てています。つまり水は地球の血液であり、生命の母とも言える存在なのは皆さんもご存知のとおりです。

私は、その水を通して地球環境の浄化・活性化に貢献したいと思っています。水が良くなれば、土や空気や生物のかなりの部分が本来の機能を取り戻し、活性化すると考えるからです。

そのためには、それぞれの環境に対して求められる水を作らなければなりません。私の会社では波動の概念を取り入れ、次のような「水のシステム・エンジニアリング」を考えています。（図5）

図5　水のシステム・エンジニアリング

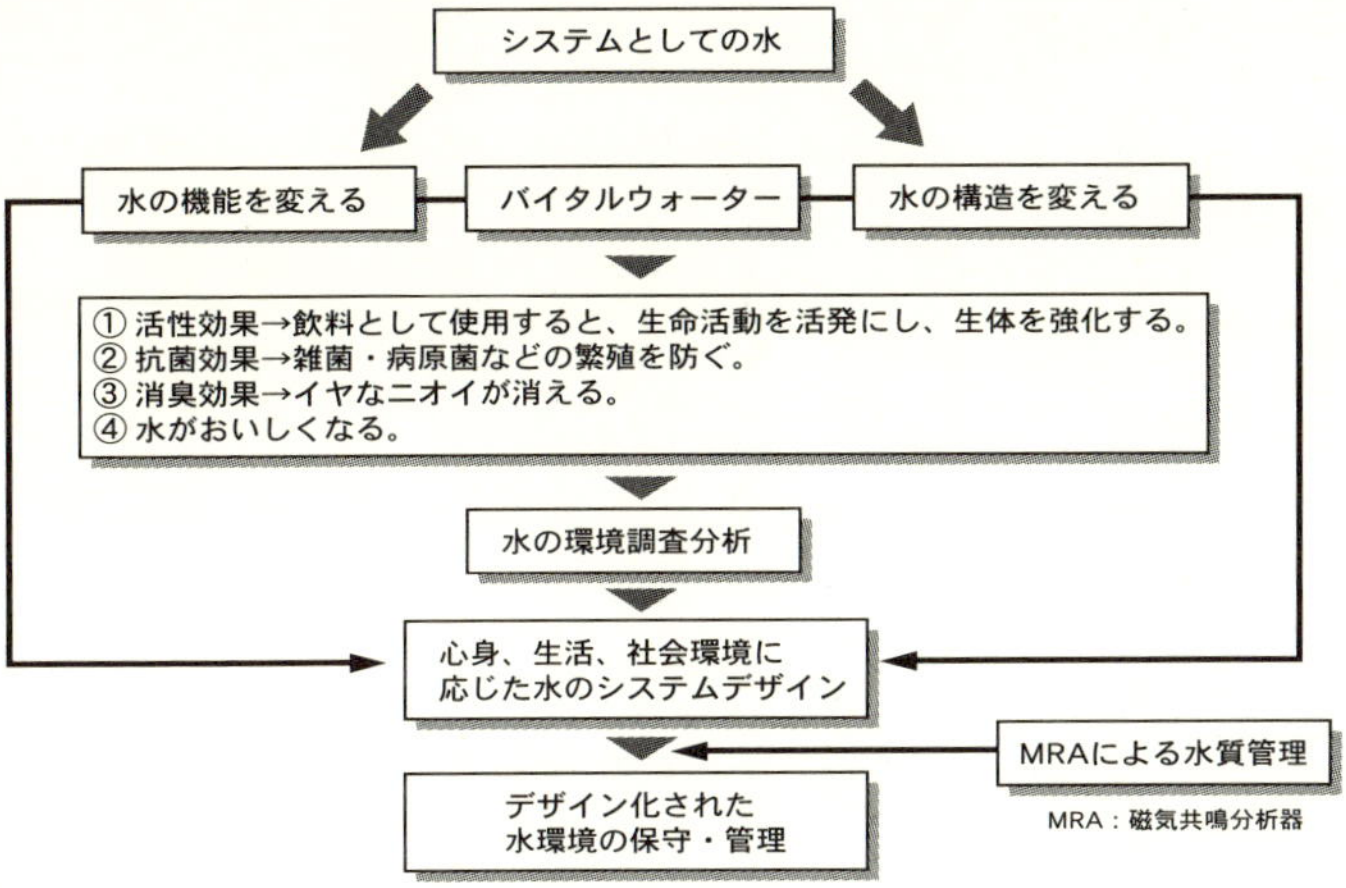
システムとしての水
水の機能を変える
バイタルウォーター
水の構造を変える
① 活性効果→飲料として使用すると、生命活動を活発にし、生体を強化する。
② 抗菌効果→雑菌・病原菌などの繁殖を防ぐ。
③ 消臭効果→イヤなニオイが消える。
④ 水がおいしくなる。
水の環境調査分析
心身、生活、社会環境に応じた水のシステムデザイン
MRAによる水質管理
デザイン化された水環境の保守・管理
MRA：磁気共鳴分析器

そして、この水のシステム・エンジニアリングを実現させるために、バイタル波動システム（ＶＨＳ）という考え方を打ち出しました。ＶＨＳの基本概念のもと、各種製品を開発してきました。

・超自然活水器「ミネルバ・シリーズ」
・育成波動セラミック
・土壌情報水「バイタル・スペシャル」
・波動水の素（ＳＳ21）
・腐植ペレット

この章では、これらの製品を紹介することにより、ＶＨＳによって、どのようにウォーター・デザインを行っていくの

かご説明していくことにしましょう。いわば、私のこれまでの研究成果の集大成です。

●「水に生命を与える」

福岡県大牟田市の中心の閑静な住宅街の一角に、脳神経外科、外科、リハビリテーション科を擁する「中島クリニック」があります。院長の中島裕典先生は、治療のかたわら、患者さんに空気、水、食生活の重要性を伝えています。その中島先生が選んだ浄活水器がミネルバなのです。

中島クリニックでは、西洋医学だけではなく、東洋医学の治療法も取り入れ、対症的な治療ばかりではなく体全体の健康に目を向けています。「全身を整え、自然治癒力や免疫力を高めることで、病気を癒すばかりではなく、病気になりにくい体にすることが目的です」と中島院長はおっしゃいます。

もちろんCTスキャンなど現代医療の最先端機器もそろっており、西洋医学と東洋医学のいいところを結びつけた医療が行われているのです。

ところで、どうしてミネルバを利用しようと思ったのでしょうか。それについて、中島先生は次のようにおっしゃってくれました。

「以前から水には関心を持っていました。人体の七〇%は水分なわけですから、摂取する水が生きていなければ体に良いわけがありません。だから、良い水を使いたいと思い、ミネルバを取り入れました。ただ不純物を取り除くだけではなく、『水に生命を与える』というところに共鳴しました」

では、ミネルバを利用して、どのような変化が現れたのでしょうか？　患者さんからは「病院の水は非常においしい」と評判だそうです。さらに一度来院された患者さんの九割以上がリピートで来院されています。病院に来るだけで落ち着くのです。

なかにはペットボトルに水を汲んで持ち帰る患者さんも多いそうで、髪や肌につやが出た、快便になったなどの声も聞かれます。

「よい水が流れるようになって、気の流れが良くなったことが大きいんじゃないでしょうか」と中島先生はおっしゃいます。

●超自然活水器「ミネルバ」の秘密

私たちが暮らす地球上の命は、どのように守られているか考えてみましょう。地球上のすべての生命は、基本的には太陽の偉大なエネルギーと地球のマグマと月エネルギーのバランスによって成り立っていることは先程説明しました。太陽からは電磁波が送られてきており、地球のマグマは私たちの生命を守るためのエネルギーを放射して大気圏を作っています（実際にはオゾン層がその役目を果たしています）。月は、宇宙と地球のバランスをとりながら潮の満ち干きにより地球に生命のエネルギーを吹き込んでいます。

太陽からの電磁波は、図7のように有用なものとそうでないものが混ざっています。有害な電磁波、オゾン層によって反射され、大気圏内では有用な電磁波が中心となり私たちの生命が守られています。

私たちの命を支えてくれる水も同じです。水の中に太陽のエネルギーとマグマのエネルギーと月のエネルギーがバランスよく取り込まれていなければなりません。

本物の地下水はそうなっているはずです。山で湧き出る地下水（湧水）がおいしいのはこのためなのです。私たちの開発した「ミネルバ」は、そんな水を再現しようと試みています。

この甘くておいしい湧き水は、「最高の土」に触れ、「ミネラル豊富な良い岩石」に触れてできてきます。自然にある「最高の土」は、雑菌類の抑制と生体に必要なバクテリア群を活性化する力を持っています。また、ある種の自然石のミネラル波動を供給すると、この力がいっそう強く確かなものになります。ミネルバが生み出すバイタル・ウォーターは、こうした自然界における土と石による浄化・抗菌・活性化のシステムを基本としたものです。

自然の水は、土や石の間に存在しています。それらを濾過して土や石を取り除いても、土から得られた抗菌力や活性力、石から得られたミネラル波動はそのまま保有されていることがわかりました。

この結果から、土や石が持っている力が水に溶け込んでいるのではなく、それぞれの波動が水に転写していることがわかります（もちろん溶け込んでいるものも含まれます）。

図6

■MRA（磁気共鳴分析器）による分析データ

検査項目	水道水	自然湧水	バイタルウォーター	A社活水器	B社浄水器
結合	−8	+12	+16→+18	+7	+2
肝臓	−9	+13	+16→+18	+9	+2
アレルギー	−8	+9	+14→+16	+9	+1
高血圧	−10	+11	+18→+20	+6	+3
ストレス	−8	+15	+17→+19	+7	+2
鉛毒素	−6	+3	+14→+16	−4	−6
塩素毒	−10	+10	+14→+16	+6	+3

データの見方：−21〜+21の相対評価。+の数値が大きい程よい。
バイタルウォーターは出水後も上昇を続け、右側の数値は出水後1時間放置したものです。
自然湧水とは、京都貴船神社の湧き水です。

具体的に述べると、育成波動セラミック（後述）を利用することにより、最高の土が出す波動と良い岩石の波動を再現し、また転写しやすい水を作ることで、それらの波動をしっかりと水にコピーします。

それはMRAを使った分析からも明らかです。図6は、水道水や湧き水、その他の浄水器の水とミネルバのバイタル・ウォーターの波動を比較したものですが、これを見ればバイタル・ウォーターの高い活性力が一目瞭然です。これが「水に命を与える」と言われるゆえんなのです。月のエネルギーが応援してくれているのかも知れません。

蛇口型から農業用の大型機まで各種あり、ミネルバを通すと、どんなにまずい水道水でも湧き水のようなすっきりとしてほのかに甘みがあるおいしい水に生まれ変わります。

また飲料水としてだけではなく、動物の飼育、植物の育成にも大きな効果をもたらします。動物の飲み水として使用すれば、動物が元気になり、植物に撒いてやれば活力を取り戻し、庭の雰囲気までも変わったとご利用されている方々から評価をいただいています。

家の元栓の所に取りつけて家中の水を変えると下水の水がきれいになるだけでなく家の中の空気まで変わりなごやかな家庭と変化してきます。

育成波動セラミック

●太陽の恵み　育成波動

太陽光線には、様々な波長の電磁波があります。大きく分けると、透過光、反射光、吸収光の三つです。（図7）

透過光は〇・一ミクロン以下の非常に短い波長の電磁波で、X線やγ線などの放射線です。レントゲンのような有効な使い道もありますが、この放射線を大量に浴びると生命の危険にさらされます。

私たちがものを見ることができるのは、

図7　太陽光線の波長別分類

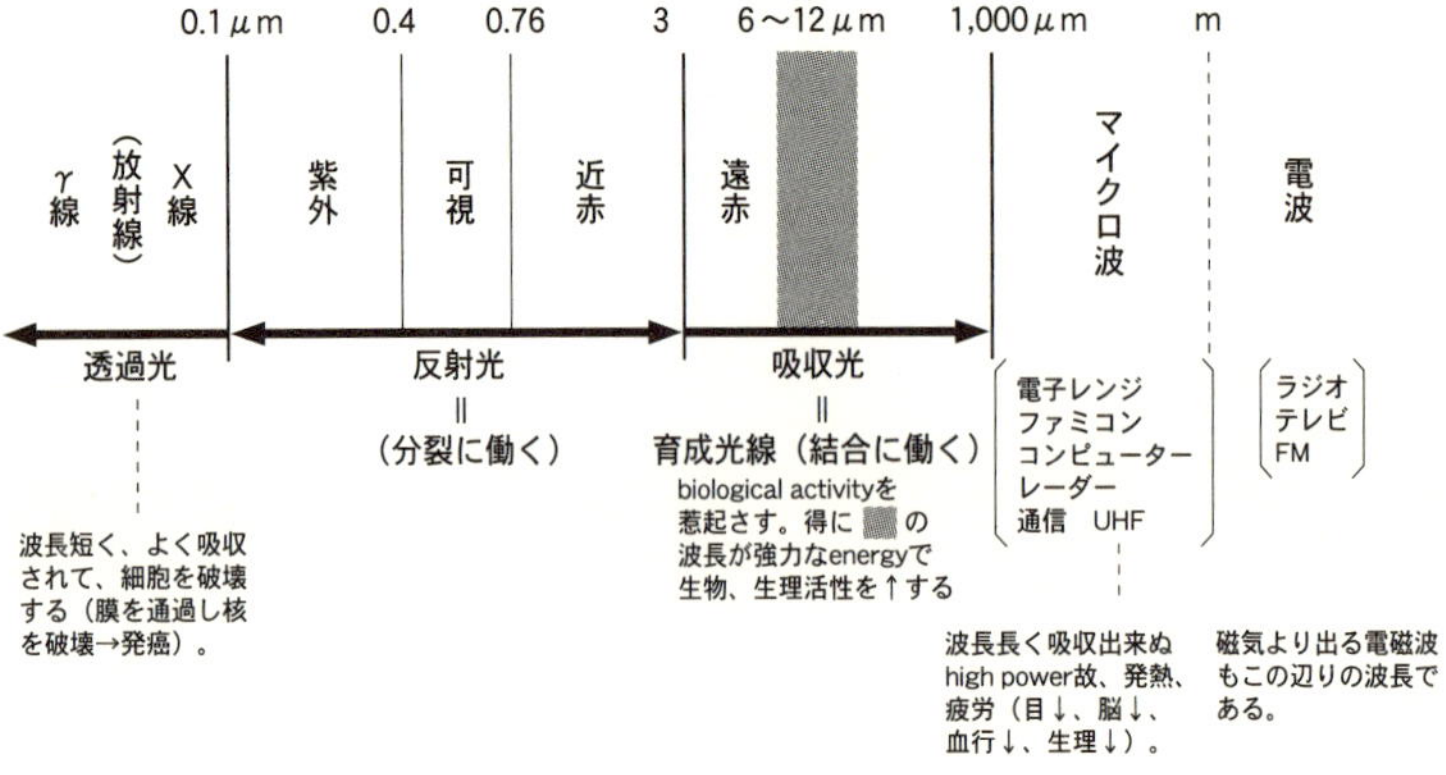

反射光のおかげです。反射光には、紫外線、可視光線、近赤外線の三種類があります。紫外線は日焼けの元になることはよく知られていますが、大量に浴びると殺菌力により細胞がこわされて皮膚ガンの原因になります。オゾン層の破壊が問題になっていますが、それはこの紫外線の増加が問題となっているのです。可視光線は私たちの目に見える光線、近赤外線は可視光線の隣に位置する光線です。

そして、もう一つが吸収光です。これは一般的に遠赤外線と呼ばれる三〜一〇〇〇ミクロンの電磁波のことを言います。この吸収光のうち、六〜一二ミクロン（四〜一四ミクロンという説もある）の波長帯は、別名「育成波動」と呼ばれ、動物や植物の育成に大きく寄与しています。

この育成波動が照射されるほど、生体の細胞が活性化され、成長促進に貢献します。「太陽の恵み」と言われますが、それは実はこの育成波動のことだったのです。詳しくは、私の前著『危機の水を救う』（現代書林）を参照してください。

●なぜ育成波動が生体を活性化するのか？

それでは、どうして育成波動が、生体の細胞を活性化し、成長に大きく関わっているのでしょうか。そのメカニズムは丹羽靱負氏の『水』（いのちと健康の科学）で詳しく述べられています。非常にわかりやすく解説されており、私自身とても共感するところも多いので、以下に抜粋抄訳させていただきました。

まず、光の性質から話を始めましょう。

光には二つの性質があります。一つが「波動性」であり、もう一つが「粒子性」です。量子力学の進歩により、この二つの性質のうち「粒子性」がクローズアップされ、見えない電子として人間を始めとした動物や植物に様々な生理活性機能をおよぼすことがわかってきました。

この光の粒子は非常に微弱なものですが、かなりのエネルギーを持っています。それが人間や動植物の生理機能を活性化するわけですが、このような光の作用を「光電効果」と言います。それを示したのが図8です。

光子と呼ばれるエネルギーを持ったマイナスイオンの物質が光の中に含まれ

図8　電磁波（光）による光電効果

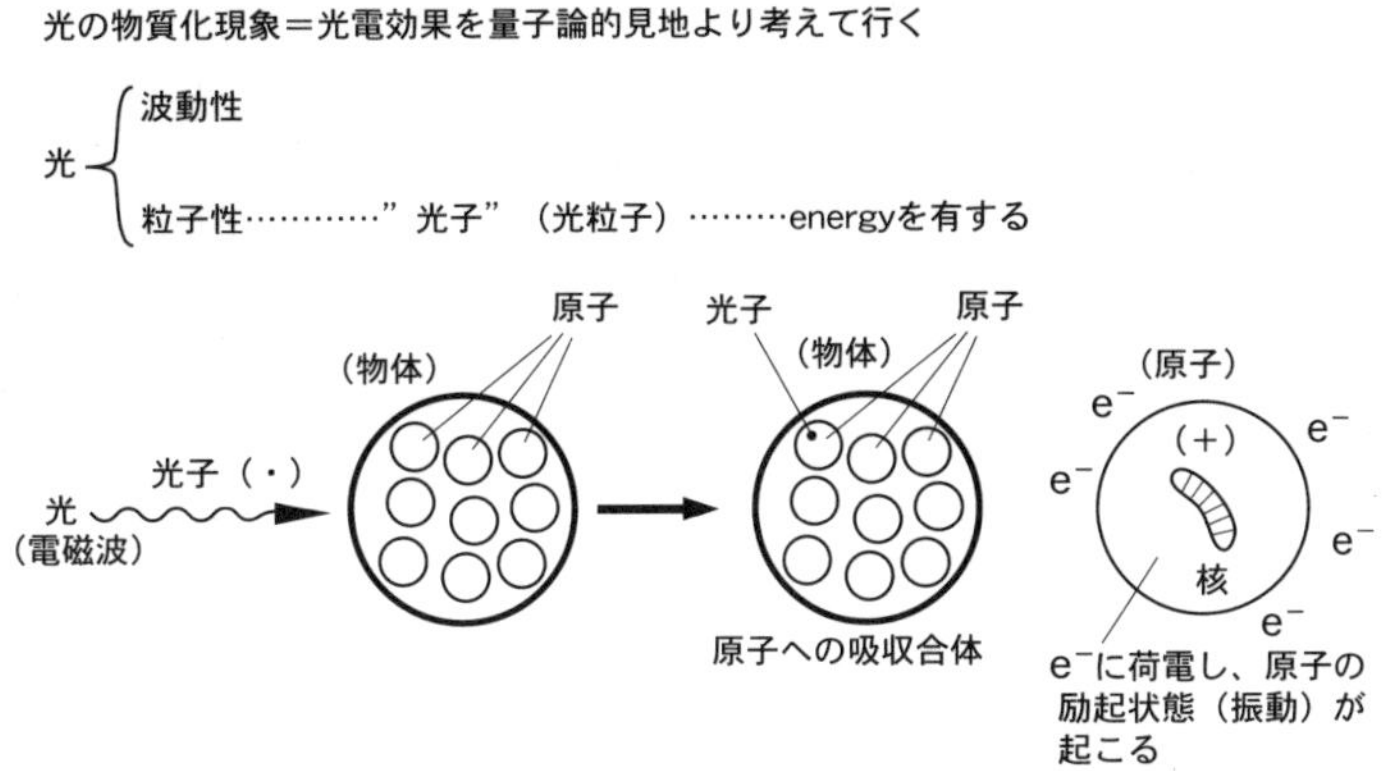

ており、光の照射とともに光子が流れます。この流れのことを「電磁波」と言いますが、こちらのほうがみなさんには馴染み深いでしょう。

この光子の流れのうち、六〜十二ミクロンの電磁波は、物体や人体に当たると物体の最小構成単位である原子や分子に、光の物質化現象である光電効果をもたらします。

この光は吸収光ですから、物体に吸収され、原子の周囲の軌道をマイナスに荷電します。すると中央の原子核はプラスに荷電します。そうすると、このプラスイオンとマイナスイオンがお互いに引っ張り合い、原子は励起状態、つまり一種の興奮状態になり、原子が振動します。

さらに周囲のマイナス電子は隣のまだ荷電されていない原子の周囲に手渡され、またその原子核もプラスに荷電されて励起状態になります。原子レベルで一種の共鳴が起こったと考えればわかりやすいかもしれません。

このように、同様の変化が次々と新しい原子に伝わり、ついには物質を構成する原子全体が励起し、振動するようになるのです。これが活性化状態を生みます。育成波動と呼ばれるのはそのためです。

この原子を励起状態にさせるエネルギーは、どれくらいのものでしょうか？ ○・○○四ワット／平方センチメートルと言われています。人間の持つエネルギーが○・○○三ワット／平方センチメートルですから、わずか○・○○一ワット／平方センチメートルのエネルギーの差が、原子を励起・振動状態にさせるのです。

もし、これがもっと高いエネルギーだったとしたらどうでしょう？ エネルギー値が高すぎると、波長が長すぎて吸収されず、さらに高くなると電子レンジや電流のように、細胞膜を破壊してしまいます。

携帯電話やパソコンの電磁波障害が問題になっていますが、それは波長の違う電磁波による悪影響なのです。興味深いと思いませんか？　高いエネルギーの電磁波は人体に悪影響をおよぼすのに、人間のエネルギーよりわずか〇・〇〇一ワット／平方センチメートル高いエネルギーを持つ六〜一二ミクロンの電磁波は活性化作用を持つのです。このことについては、まだわかっていないことも多いのですが、自然がこんな微細な仕組みを築き上げていることには驚くばかりです。

●育成波動セラミックとは何か？

その影響は生物だけではありません。花崗岩やセラミック、地層の鉱物（酸化金属）類、樹木、土など太陽光線を浴び、そのエネルギーを獲得した物体はみな励起状態となり、それは間接的に様々な恩恵を生物や物質に与えることになります。

つまり、太陽の恵みは様々な物質に吸収され、そのエネルギーは波動として岩石、土壌、樹木などからもたくさん放出されているのです。

天日干しの昆布や干物は、機械で乾燥させたものより断然おいしいのは、太陽光線と地面の両方から育成波動を受けているからです。

自然の岩石も育成波動を多く出していますが、その量は様々です。興味深いのは素焼きの陶器です。これは育成波動をよく出すのです。どうして素焼きの陶器が育成波動をよく出すのかは、まだよくわからないこともありますが、いずれにしても昔から素焼きの陶器に水を入れたりするのは、育成波動の効用を肌で感じていた昔の人々の知恵ではないでしょうか。

私は、この陶器に注目しました。一時遠赤外線セラミックが注目を集めましたが、セラミックも陶器です。遠赤外線セラミックが注目を浴びた当時は、ある程度の効果は確認されましたが、計測できる機器もないという状況で、セラミックなら何でもいいということになってしまい、ブームは長続きしませんでした。

しかし、現在では、計測機器も開発されつつありますし、なによりMRAがあります。このおかげで、セラミックの研究はずいぶん進みました。

私は、低温で育成波動照射率が九〇％以上のセラミックのみを厳選し、これを「育成波動セラミック」と名付けました。九〇％以上の育成波動が出ていれば、水や食べ物に短時間で相当の効果を与えることができるからです。

問題は、この育成波動セラミックを作るには、素材はもちろん、含有ミネラル、水、温度など、厳しい製作条件をクリアしなければならないことです。そうして何度かの試行錯誤の後、満足できる育成波動セラミックの製作に成功したのです。

●様々な育成波動セラミック

図9は、私が苦心して開発したセラミックの育成波動照射率を示すグラフです。六〜一二ミクロンの波長帯で、九〇％以上の照射率を示しているのがよくおわかりいただけると思います。Aは岩石の波動を転写し、Bは土の波動を転写したセラミックの育成波動です。

昔から、よい水は最高の土と岩石に触れてできあがりました。しかし、この

図9

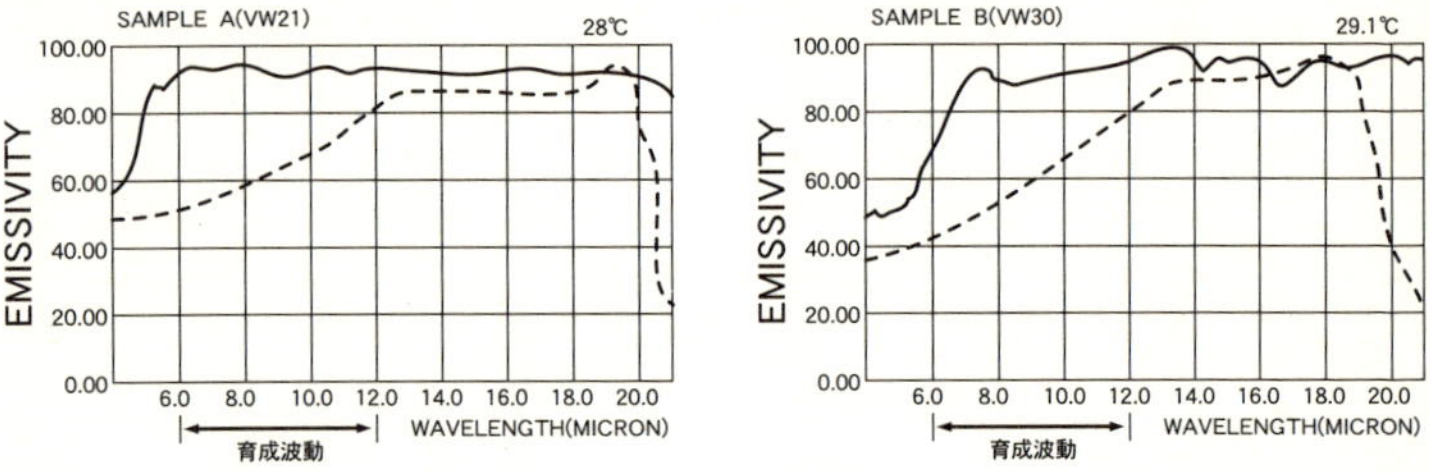

VW21
市販セラミック（A）
Ⓐ

RESOL	:16cm−1	SCANS	:200
TEMP	:28	S.SPEED	:MCT
AMPGAIN	:X16	S.NUMBER	:3
P.INT	:8cm−1	M.DATE	:1/21/91

VW30
市販セラミック（B）
Ⓑ

RESOL	:16cm−1	SCANS	:200
TEMP	:29	S.SPEED	:MCT
AMPGAIN	:X32	S.NUMBER	:5
P.INT	:8cm−1	M.DATE	:6/12/90

セラミックがあれば、簡単に良い水を作ることができるのです。超自然活水器「ミネルバ・シリーズ」は、この育成波動セラミックを使うことで実現した良い水を作る装置なのです。

　それでは、現在完成している四種類のセラミックを紹介しておきましょう。

・VW21／生理活性作用を持つ岩石の波動を持ったセラミックです。素材選びにはMRAを駆使し、水を選び、温度に注意して焼き上げた最高傑作のセラミックです。

・VW22／VW21をベースにアンモニア分解や抗菌性の機能を追加したセラミックで、風呂やプールなどの活性化に有効です。

・ＶＷ30／様々な土の波動を持ったセラミックです。前記二つのセラミックとの組み合わせにより、さらに効果がアップします。

・ＳＳ10／前記三種類のセラミックの波動を伝わりやすくするための補助役のセラミックです。水をアルカリ化する力を持っています。

今後はさらに機能セラミックを増やすのがテーマです。たとえば、赤水用、硬水を軟水化するもの、重金属用、ダイオキシンやトリハロメタンなど有害物質の無害化用などです。

これらのセラミックを開発するときにも、自然の摂理を忘れてはいけません。化学的な機能セラミックが次々に開発されていますが、これらは必ずしも自然の摂理が守られていないので要注意です。

●育成波動セラミックが水にもたらす効果とは

「ミネルバ・シリーズ」にこの育成波動セラミックを用いていると申し上げ

ました。そこで、なぜ育成波動セラミックが良い水を作るのかについて少々説明しておきましょう。

日本ではミネラル・ウォーターが大流行です。外国では水が悪いですから、飲料水としてミネラル・ウォーターを重宝するのはわかりますが、日本の場合、健康のためとか美容のためにとか、外国とは求める理由が違うようです。

こうしたブームを見ていると、私には多くの人が誤解しているように思えてなりません。たしかにミネラルは生体にとって重要で、ミネラルがないと私たちは生きていけません。

しかし、ミネラルとは早い話が金属です。金属をそのまま体内に取り込むとどうなるでしょうか。大半はそのまま体外に出てしまうでしょう。要するに、どうやって取り込むかが問題なのです。

イオン化していればいいのか?　たしかにイオン化していれば、体内には入ります。でも、植物は無機イオンを吸収する仕組みになっていますが、動物はおもに有機イオンから吸収します。ですから、いくらイオン化していても、無機の金属イオンを摂取しても、吸収されるのはごくわずかです。

近年、骨粗鬆症などの予防にカルシウム摂取が叫ばれ、珊瑚や石灰岩を溶かした清涼飲料水が数多く出回っていますが、これらはまったくナンセンスです。無機イオンですから、ほとんど体内に吸収されないのです（吸収されてももろくなります）。

私たちは、ミネラルを動植物から有機ミネラルとして摂るべきなのです。そうして初めて十分に体内に吸収されることになります。

さて、そこで育成波動セラミックの登場です。面白いデータをお目にかけましょう。

水道水と育成波動セラミックに触れさせた水道水の水質分析です（図10）。ご覧いただければわかると思いますが、両者ともミネラル含有量はほとんど変わりません。短時間セラミックを水の中に入れておいたくらいでは、ミネラル成分が溶け出すはずがありません。

ところが、この水が生体内に入るとどうなるでしょうか。驚くべきことに、育成波動セラミックに触れさせた水を飲んだほうが、体内のカルシウム分が増えるのです。

なぜ、こんなことが起きるのか？ それは育成波動が水に転写され、ミネラル波動として働くことにより、水の構造が変わり、カルシウムを取り込みやすくしているからです。

おわかりいただけたでしょうか？ ミネラルは水から直接取り込むよりも、体内のミネラルをいかに吸収しやすくするかが大事なのです。育成波動セラミックはミネラルを十分吸収できる環境を作ります。それが育成波動セラミックの驚異の力であり、「ミネルバ・シリーズ」を通した水の威力なのです。

図10

各種分析による水の比較

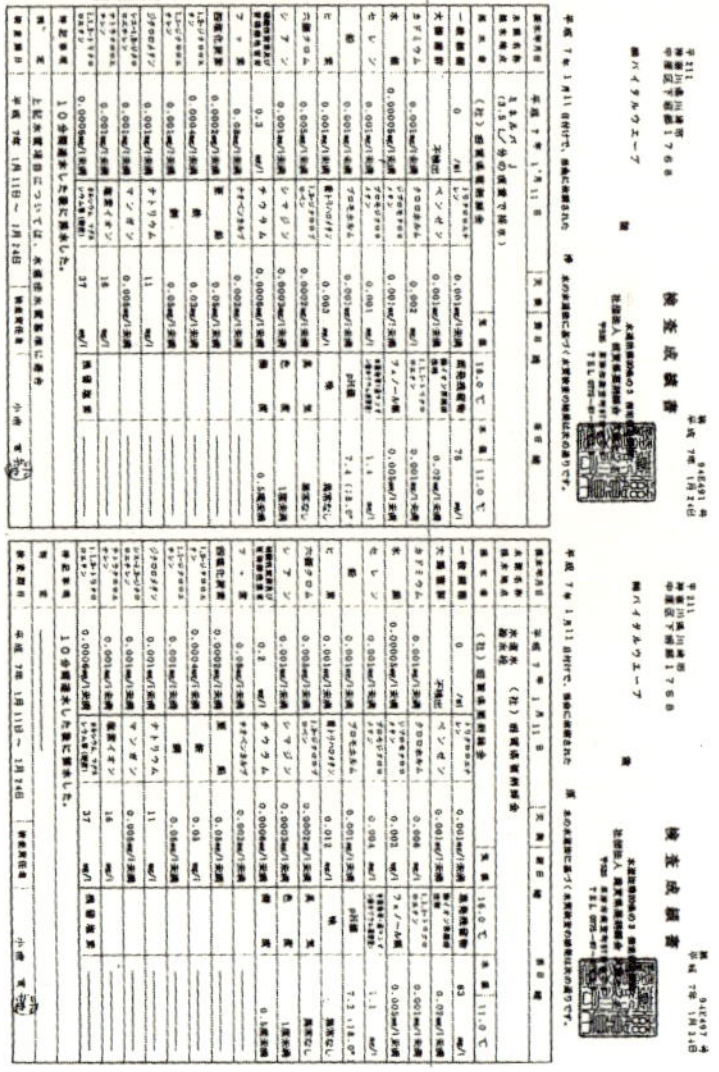

土壌情報水バイタル・スペシャル

●土壌菌群の代謝物を独自の方法で抽出

前項でも述べたとおり、良い土と良い石は良い水を作ります。また良い水は微生物と共に団粒構造の良い土を作ります。その自然の営みを基本に、ミネラルの豊富な土壌情報水を開発しました。それが「バイタル・スペシャル」です。

良質な土壌（腐植前駆物質）に生息する土壌菌群の代謝物を独自の方法で抽出しました。バイタル・スペシャルは多種多様のミネラルが含まれ、土の中で生々流転を繰り返してきた動植物の生命情報が豊富に含まれています。

自然界の善玉菌の働きを活性化して、悪玉菌の働きを抑制し、また動植物の細胞の働きを活性化して新陳代謝や成長を促進し、免疫力を高める作用があります。

すでに、畜産分野（養鶏・養豚・乳牛）や農業分野では、様々な形で利用されています。

この土壌情報水についての研究は、まだまだこれからという段階ですが、その性質から考えると、地球環境を救う切り札のひとつになることを期待しています。私はこれをバイタル・スペシャルと名付けました。

●バイタル・スペシャルのこれだけの効果

なぜ、バイタル・スペシャルがこれほどの効能を持っているのか、その理由にはまだ不明な点も多いのですが、現在確認されているだけでも以下のような効果を見ることができます。

□抗菌力

大腸菌、サルモネラ菌、黄色ブドウ球菌、ＭＲＳＡ菌など、いわゆる悪玉菌とされるウィルスに対して高い抗菌力を発揮します。以前、北海道の牧場でサルモネラ菌が流行し、多くの酪農牛が被害を受けましたが、このバイタル・スペシャルを飲んでいた牛はまったくなんともありませんでした。抗菌力が上がったというよりは、牛の免疫力を高めたのかもしれません。また、レーヨンなどの繊維に植え付けると、MRSA菌に対して抗菌力を発揮することもわかっています（洗濯しても効力は衰えません。ただし、熱に弱いため実用化には至っていません）。

□消臭力

有機性の悪臭に対しては、短時間で臭いを消し去ります。発生した臭いを消すというよりは、臭いの元を絶つといったほうがいいかもしれません。なぜ消臭効果を発揮するかというと、臭いの原因となる腐敗系の菌類の活動を抑制したり、あるいは種類によっては死滅させてしまうためだと考えられます。畜産分野では、臭いばかりではなく、ハエもいなくなるという効果も確認されています。

台所の生ゴミやトイレなど臭いのするところに散布するとたちどころに臭い

が消えてしまいます。また、ペットの飲み水にほんの僅か混ぜると、ペット臭にも効果的です。

□発酵力

発酵については、多くの可能性が期待されます。現段階で確認されているのは、乳酸発酵と堆肥発酵における効果です。乳酸発酵では、悪い発酵である酪酸発酵が起こらず、堆肥発酵では発酵速度を速め、放線菌の多い腐葉土の香りのする良質の堆肥を実現します。

観葉植物の花瓶内に一〇〇〇分の一くらい入れると、驚くほど長持ちします。また一〇〇倍程度に薄めて鉢植えの葉面に散布すると、植物はみずみずしく生き返ります。

□有機物分解力

バイタル・スペシャルの溶液の中に有機物を入れておくと、徐々に分解されていきます。エアを適量送ると分解が早まります。分解の途中で腐敗することはありません。自然本来の土や水の環境の中では、有機物は腐敗せずに分解していきます。これは、沼の水が腐らないということにも関係があります。バイタル・スペシャルには、それと同じような効果があるのです。

お風呂に五〇〇〇分の一のバイタル・スペシャルを入れると、湯垢が付かなくなります。また浴室内のカビや臭いの発生も防ぎます。

養殖いけすや池の浄化にも非常に有効です。

□細胞活性力

細胞には本来、傷ついたり病んだ細胞を新陳代謝を繰り返すことによって早く元気な姿に戻そうという働きがあります。バイタル・スペシャルには、その働きを活発化する効果があります。

たとえば、切り傷、火傷、打撲、捻挫などが生じた場合に、バイタル・スペシャルを塗布すると、切り傷や火傷は早く治り、また打撲や捻挫で内出血しそうなときにガーゼに染み込ませて患部に当てておくと、その部分には内出血が見られず、周辺だけ痣になるという現象が見られます。

●波動水の素（ＳＳ21）と腐食ペレット

この他に、ＳＳ21と腐食ペレットがあります。簡単にどんなものか説明しておきましょう。

・ＳＳ21（生命シュミレーション水）

「ＳＳ21」は、生命が地球上に誕生したときの状況をシュミレーションして作られた究極の液体です。

無色透明の液体ですが、ホメオパシーの原理を応用して使用します。

この液には、情報が入りやすく抜けにくいので、ＭＲＡの波動水を作るときに使用しています。しかも、蘇生型の情報しか入りません。波動水は長くても二、三カ月しか効果がないと言われていますが、ＳＳ21は一年以上は波動情報を記憶しています。

・腐食ペレット

腐植土は、有機物が微生物によって分解されてできる有機性の土壌ですが、さらに火山や海の情報を持った特殊な腐植土が九州の一部にあり、この土をペレット状に固めたものが腐植ペレットです。

マグマの情報や海のミネラルがバランスよく入っているため、有効土壌菌の増殖に効果を発揮します。

とくに有機廃水処理では、高濃度でも無希釈で処理できる「自然浄化法」という処理方法が完成しているので、無臭で高品質な廃水処理が可能です。光合成菌などとの応用を研究すれば、さらに高品質化が進むと期待されています。

Ⅳ　水と土壌菌プラス波動による調和された環境作り

土壌菌のすごさ

●土が持つ三つの浄化作用

水とともに私たちの環境浄化に一役買っているのが土です。私はこの水と土を中心にしてＶＨＳ（バイタル波動システム）の推進を行っています。ここでは、水と並んで環境に大きな影響を及ぼす土について考えてみることにしましょう。

土は多種多様の働きをしていますが、その中でもっとも大切なのは浄化作用です。この浄化作用には三つの働きがあります。

①分解作用

日本にもまだところどころに素晴らしい原生林が残っています。そういうところでは、ブナ林などが鬱蒼と茂っています。このような素晴らしい林が形成されるのは、土の分解作用の循環が見事に行われているからです。

土には、木から落ちてきた落ち葉や、朽ちて倒れた木、あるいは動物の排泄物や死骸などが溜まっていきます。これらのものは土の中の生物によって食べられ、排泄物として出されます。その排泄物がまた食べられて、最後には土に戻っていきます。

これが土の持つ分解作用、つまり土と有機物の循環です。

最近では有機農法が見直され、牛や鶏の堆肥が使われるようになりました。堆肥というと、ほとんどの人が臭いものだと思っていることでしょう。農家の人でさえ、そう思っている人が少なくないようです。

しかし、完全に発酵しているもの、有機物の循環がうまくいっているものは、臭くはないのです。山の土の臭いがします。

なぜ堆肥が臭うかといえば、抗生物質や農薬の影響で土の中の微生物が減り、完全に分解しきれずに腐敗していることが大きな原因です。気楽な化学農業にひたり切って堆肥の作り方も知らない農家が増えている事も事実です。

微生物が減ってしまったことで、有機農法を使ってもなかなか地力が回復しません。もっと根本的な対策が必要です。

なお、微生物の働きについては、あとで詳しくお話ししましょう。

②濾過作用

湧き水や地下水がきれいなのはなぜでしょう？

それは土が濾過作用を持っているからです。

土はいろいろな大きさの粒子からなっています。大きいものから順に言うと、礫、砂、シルト、粘土です。

水が土の中を通るときには、この各層を通過し濾過されてきれいになっていくのです。健全な土で濾過された水は、大腸菌などの雑菌もほとんど含まれていません。遺伝子は分析出来ても、生命《イノチ》はまだ創れないのです。

しかし、最近では湧き水や地下水を飲んで事故につながることも増えてきています。土が本来持っているはずの団粒構造が壊れてきているのです。

③イオン交換作用

植物は生育に必要なカルシウムやカリウムなどのミネラルを土から吸収しています。植物がこうしたことをできるのも、土がミネラルを表面に吸着させ、植物の根にわたっているようにしているからです。

粘土や腐植土には、金属イオン（ミネラル）を主体としたプラスイオンを吸着する働きがあります。これをイオン交換作用と言います。この能力のおかげで、植物はミネラルを取り込むことができるのです。

しかし、そればかりではありません。クロムやカドミウムなどの有害な金属イオンが含まれた水が流れてきても、土がこれらを捕らえて安全にしてくれるのです。

しかし、微生物の多い団粒構造の土では粘土や腐植土は雨にも流されにくいのですが、地力が落ちて微生物が減少し、団粒構造が壊れると、粘土や腐植土は簡単に流されてしまい土の中から消えていきます。これが“死んだ土”です。

●微生物は人類の大先輩

土の三つの浄化作用がおわかりいただけたでしょうか？　この浄化作用には土の中の微生物が大きな役割をになっています。今度は、その微生物の働きについて見ていきましょう。

ご存じのように、微生物は地球に初めて登場した生命体です。空気中の酸素、窒素、炭酸ガスなどが水に入り込むと、ミネラルと水との相互作用によって炭酸ガス（CO_2）が炭素（C）と酸素（O_2）に分かれたり、窒素（N_2）がNになったりします。これに光があたると、ある種のミネラルが光触媒の働きをして有機物が合成されるのです。

この有機物からアミノ酸が合成され、アミノ酸はやがてタンパク質になってきます。このタンパク質から生命が誕生したようですが、そのメカニズムはまだ解明されていません。

しかし、いずれにせよ、こうしてできた地球太古の生命体が微生物だったのです。微生物は三十数億年の歴史を持っていますが、私たち人類はたかだか数百万年にすぎません。そう考えると、微生物のほうが私たちより大先輩であり、人類は彼らの環境を破壊する荒くれ者の新参者にすぎないのかもしれません。

●善玉菌と悪玉菌

健全な土一gの中には、一億匹以上の微生物がいると言われています。その数は環境によって、多くなったり少なくなったりしています。

微生物は大きく二つに分かれます。善玉菌と悪玉菌です。もっとも、これは私たち人間を含む動植物からの基準にすぎませんが。

善玉菌は体調を健康に導く菌、悪玉菌は体調を崩す菌です。もっと簡単に言えば、善玉菌は発酵に関係あり、悪玉菌は腐敗を起こします。この二つがバランスをとっているのが微生物の世界なのです。

重要なことは、健全な環境下では、悪玉菌はあまり増殖しないということです。これは土や水ばかりでなく、動物や植物の体内すべてにあてはまります。

この地球上では、多くの動物や植物が生まれては、また死んでいきますが、その物質循環をになっているのが微生物なのです。

動物の排泄物や死体は土の中の微生物に分解され、また土に還っていきます。これは単純な分解作業を担当する微生物ですが、他にも岩石からミネラルを放出する微生物、空気中の酸素や窒素を生成するのに重要な働きをする微生物など、さまざまな役割を持った微生物が、私たちのまわりの環境を作ってくれているのです。

●微生物のすごい働き

イオン交換作用のところで述べた腐植土は、微生物の分解作用によって生み出されます。

腐植とは、植物残滓や動物の死骸が、土の中の小動物や微生物の作用を受けて分解合成されてできたものです。

植物残滓や動物の死骸は、まずミミズ、ヤスデ、ワラジ虫などの小さな虫によって破砕され土中にばらまかれます。これを微生物が分解するのです。糖、でんぷん、タンパク質などの分解生成物は、最終的に二酸化炭素、水、アンモニア、硝酸などの無機質に変換されていきます。

先ほど、微生物がいなくなると地力が落ちると述べましたが、それはこの有機→無機への転換がうまくいかなくなるからです。

動植物の分解により微生物は大量に増殖して植物に栄養源を補給します。ところが、糞や死骸などが来ないと微生物はエサがなくなり、死んでしまうのです。そうすると、植物に栄養を補給する作用が弱り、地力のない土地になってしまうというわけです。

こうした腐食の効用については、化学的にはまだ不明確な部分も多く、実態はよくわかっていません。昔から経験的に知られ、用いられてきたのです。しかし、微生物が作るこの腐食が、環境改善に大きく寄与するのです。

公害の畜産からさようなら――糞尿は宝の山

●微生物増殖の新しい方法論

微生物を増殖させるには、いまも昔も同じ方法がとられています。特別な培養床を与えることによって繁殖させる方法です。

この方法は効果はあるのですが、持続性という点でややもの足りないものがあります。

そこで新しい考え方が登場してきました。「培養床に菌を与える」のではなく、「環境を整える」のです。つまり、菌が増殖しやすい環境を作るということです。そうすれば、微生物はその環境に合った生き様をするので、自然に増殖していきます。

培養床を作って微生物を増殖させ、それを土に与えるというやり方は、ビタミン剤を飲んで健康を維持するのと似ています。

病状が進行した地球を救うためには、膨大な量のビタミン剤が必要です。しかも、それを与え続けなければなりません。

私たちはビタミン剤ではなく、微生物が自然増殖する方法を研究してきました。そのひとつが土壌情報水「バイタル・スペシャル」を使う方法です。

先ほどもお話ししましたように、バイタル・スペシャルは、腐植土となる直前の腐植前駆物なる土壌から抽出し熟成させた液体です。この液体にはほとんど菌は見つかりません。

たとえば乳酸菌はいないのですが、発酵させるとすごい乳酸発酵を行います。いわゆるボカシを作る場合も、普通使われているような糖蜜や魚骨などは不要です。

ちなみにボカシとは、米ぬかなどに発酵素材を入れて乳酸発酵させたものです。土壌改良や飼料などに使われるほか、最近では生ゴミ処理の素材として注目を集めています。

このように、環境を整えてやれば、微生物は勝手に増殖していくのです。この研究にはまだまだ多くの課題が残されていますが、環境問題を考えるとき、地球の自己治癒力を高めることが是非とも必要です。この技術は、まさに自己治癒力アップへの突破口となる可能性を秘めているのです。

●糞尿を宝に変えたヨザワファーム

そのひとつの例をご紹介しましょう。

いま畜産は、悪臭問題、糞尿処理問題などで、大きな問題を抱えています。周辺住民との軋轢も生じ、公害問題とまで言われているところもあります。

しかし、これまでお話ししてきた水と土壌菌を活用することで、畜産の問題が大きく改善されるばかりか、畜産そのものが宝物に変わります。

では、実際にどのように変わるのか、茨城県で採卵養鶏場を営むヨザワファームの例から見ていきたいと思います。

ヨザワファームの上林巌社長が養鶏を始めたのは、昭和二十三年。もう四十年以上、養鶏一筋でやってきたプロ中のプロです。

ヨザワファームが転機を迎えたのは一九八八年、内水護博士の「土と水の自然学」の技術（これについては次節で説明します）を知り、ただちに導入したことです。その結果、鶏の健康状態がアップし、破卵率が著しく低下、また堆肥舎を含めて養鶏場全体から悪臭が消えたといいます。

一九九四年には、私たちが開発した「ミネルバO型」を導入していただき、状態はさらに安定しました。

はじめは内水理論からきた土壌菌の培養ということで、三トンのFRPタンクに土壌菌ペレットと岩石を入れて培養し、PH五・四くらいの状態で毎分一リットルずつ飲水に添加していきました。簡単に言えば、鶏の飲み水に混ぜたということです。

これの効果を見る第一のポイントは、破卵率の低下。商品にできる卵がどれだけ採れるかというのが、養鶏業者にとってはいちばんの問題です。それが水を換えたことによって、顕著に効果として現れたのです。

それほど効果をあげた水なのに、どうして「ミネルバO型」を導入したのかというと、水の性質をより良いものにしなければならないと考えたからだそうです。

「卵をMRAで測定したら、それまでだと、MRAの値がどうしても+10くらいなんですよ。それが『ミネルバ』を付けて循環させるようになってから、+17前後とかなりパワーが上がりましたね」

そう言って、上林社長は笑います。

さらに問題だったのが、臭いとハエです。遠くにいてもプーンと臭ってくる。しかも三月くらいになって暖かくなると、大きなハエが出てきたそうです。鶏舎はハエのウジだらけで掃いて捨てるほどだったといいます。

ところが、内水博士の土壌菌の水や「ミネルバ」を使い始めると、あれほど漂っていた嫌な臭いが消え、ハエもピタリと出てこなくなりました。

どうして、これほどの劇的な変化が訪れたのでしょうか?

土壌菌の水や「ミネルバ」の水を飲むと、鶏が健康になり、糞も臭わなくなります。臭わない糞は発酵しやすいですから、早く堆肥化してほとんど雑菌がいなくなります。ハエは雑菌がいないところでは住めなくなりますから、それで出てこなくなったのでしょう。

「臭かった頃は、公害問題もあって、二、三日以内に土を五〇センチ以上掘って埋めるようにしていました。でも、いまではみんなうちの鶏糞を欲しがりますよ。山芋やゴボウは土壌線虫に根元を食われるんですが、うちの鶏糞を入れると不思議と線虫が出ないんです。

それに何より、臭いがしなくなって、みんな楽しく働けるようになりました」

そう上林社長は言います。

いま、畜産は重労働と臭いや汚いというイメージのために後継者がおらず、廃業に追い込まれているところもかなりあります。

しかし、水を換えるだけで、これだけの効果が上がれば、畜産のイメージはずいぶんと違ったものになるでしょう。畜産をやってみたいという後継者も出てくるでしょうし、もう廃業する必要はなくなります。

日本の食糧自給率からいっても、こうした産業は是非とも大事に継続していってもらいたいものです。そこに「ミネルバ」や土壌菌の水がお役に立っているのです。

残念ながら、日本のお役所はこうした新しい技術を評価しません。実際に見て事実を突きつけられても、見て見ぬふりを決め込みます。規制勢力の既得権がひっくり返されるのを恐れているのかもしれません。もういい加減に、そんなちゃちな態度はやめてほしいものです。

しかし、ここに来て新しい動きも出てきました。二〇〇四年から糞尿問題で野積み、垂れ流しが全面禁止となったのです。これはO—157を広がらせないようにするために法律化されたものなのですが、いま日本中でとくに畜産農家を中心に大問題となっています。

上林さんは現在、東洋微生物研究所を設立し、この種の問題に真正面から挑戦し、安価でしかも高品質な堆肥と液肥を作るシステムをTBK方式として各地で広めており、高い評価を得ています。

この方式を採用すると、糞は完熟堆肥となり、尿は液肥となり、農業の有機農業化を促進させることにもつながります。すべて土に還っていくようになるのです。

水と土壌菌が役立てることはこんなにある

●自然浄化法

水の汚れ、とくに有機廃水の処理が大きな問題になっています。汚れた水をいかにきれいに浄化していくか。二一世紀に向けた大きな課題のひとつであることは間違いありません。

この有機廃水処理のひとつに先ほどからたびたび登場している内水護博士の「自然浄化法」があります。

この「自然浄化法」を簡単に説明しますと、従来からある浄化法である活性汚泥法や長時間エアレーション法と呼ばれる技術に、土壌性微生物を増殖させるための腐植土を追加し、培養するという技術です。

これには次のような特徴があります。

①高濃度廃水（数万ＰＰＭ）を無希釈で処理できる。
②余剰汚泥を含め腐敗臭がない。
③汚泥の分離性がよく、堆肥化しやすい。
④窒素、リンなども高次処理をしなくても除去しやすい。
⑤放流水は数ＰＰＭと高品質で、そのまま渓流魚が飼えるほどになる。
土壌菌群の力をうまく利用すれば、ここまで有機廃水を処理することができるのです。

先見的な方々は導入されて著しい効果をあげているのですが、公共処理場の下水処理技術としては、なかなか認められません。これも既得権益を守るための見て見ぬふりでしょうが、なんとも寂しい限りです。

●廃水処理に抜群の効果を発揮

この自然浄化法の使い道は、有機廃水処理に限らず、まだまだたくさんあります。そのいくつかをご紹介しましょう。

①集落廃水

自然浄化法を利用すれば、再利用できる廃水処理が可能になります。分散型の廃水処理システムを作り上げれば、農業用水の確保も簡単になり、コストを大幅に削減できます。

②食品加工の廃水処理

食品の加工において、水は本来、素材の味を引き出し生かす役割をするのですが、近頃は防腐剤や着色剤の使用によって、素材の味や風味はどこかに消えてしまっています。

また、廃水処理も大きな問題です。でんぷん系の食品や魚は、その廃水がものすごく臭いのです。地下水が豊富な頃なら、それで薄めて流すこともできましたが、いまではとてもそんなことはできません。

そこで自然浄化法を用いれば、臭いのしないきれいな放流水が簡単に得られます。

●今後取り組みたい環境問題

これまでお話ししてきたように、水と土壌菌は、今後の環境問題を考えるうえで切り札と言ってもいいでしょう。活性水と土壌菌を用いてできることはまだまだたくさんあります。

そのすべてを列挙することはできませんが、いくつか私が計画しているものを述べてみたいと思います。

①畜産問題（ハエ、におい、糞尿問題）

先ほどの事例でも紹介しましたように、畜産ではすべての問題が解決して、かつ品質が向上します。これだけ考えても、世界に広げるべき技術だと思います。

日本政府は、五年後までに糞尿の垂れ流しや野積みの禁止を法律化しました。環境問題からすれば当たり前の措置ですが、この法制化はO―157対策だと聞いて驚いています。自給率の低い畜産がさらに低くなってしまいそうです。

対策も何もなく法律だけがのさばると、借金だらけの畜産農家はたまったものではありません。廃業する人たちが増えることでしょう。

何とか安くて効果のある方法を教えてあげなければなりません。一軒でも多くの畜産農家が生き残れるように、この技術を広める必要があると痛感しています。

②正しい有機農業の実現

畜産農家との連携によって、農業は大きく変わります。畜産から出てくる糞尿は、本当は大変な宝物なのです。堆肥化、液肥化が正しく行われれば、捨てる糞尿はまったくなくなり、自然循環の要となるのです。

このことこそ、農協が指導すべきことです。そうすれば、減反ではなく、遊休地を含めた輪農政策が可能になるのです。

土壌菌にしっかり働いてもらった農作物は、味もおいしくなり、アトピーなどの弊害も少なくします。早くこのことに気づいて、農業をよみがえらせてほしいものです。

③養殖漁業の正常化

本来、魚は養殖などすべきではないのでしょうが、続けるのであれば自然に近い方法に変えるべきです。

今のように大量のエサと抗生物質を与え続けると、水は壊れ、魚は不健康になり、どんどん劣化されてしまいます。水質を変え、底質を変えてやれば、このような魚たちも元気を取り戻し、安全で健康な魚が捕れるようになります。病気を抑えるために、抗生物質をばらまくという発想ではなく、病気にならない環境を作るという発想でなければ、これからの養殖はだめでしょう。

④永久トイレシステム

都会に住んでいる人たちにとっては、トイレは水洗が常識でしょう。下水道が整備されたことで、都市の大半は水洗トイレになりました。

しかし、本来糞尿は土に戻していくべきものです。現状の都市システムはやむをえないにしても、まだ下水道が入っていない地方や山小屋などでは、土に返していくシステムを探究すべきでしょう。

現在、私が開発を進めているのが、永久トイレシステムです。畜産良質堆肥を利用すれば、臭くない、増えない腐植トイレが可能になります。まだ実験器の段階ですが、是非とも実用化していくつもりです。

⑤風呂・プール

風呂やプールは現在でも循環式になっています。しかし、問題は濾材に見るべき力がないことです。そのため、せっかくの水に力がなく、頻繁に交換したり、塩素をどんどん入れて消毒しているのが現状です。

濾材を変え、少しだけ手を加えれば、気持ちのよい風呂やプールをいまよりも楽しめるようになります。

⑥代替医療

病院そのものの発想を変える時期が来ています。病気を治すのではなく、病気が治る環境を整備する必要が生じるでしょう。

そうすれば、極端な言い方ですが、ある程度の病気はなくなってしまいます。

薬の代わりに波動水という時代も、もうそこまで来ていると信じています。

●私たちが積極的に動くことで環境は変わる

このように、波動水と土壌菌は、環境問題を解決するために大きな働きができます。

私は、多くの人々にまずそのことを認識していただきたいと思っています。すべてはそこから始まるのです。

現在のところ、お役所はまったくあてになりません。既成権力と既得権益にがんじがらめになっているからです。

そうなると、頼りになるのは自分たちだけ。私たちから積極的に動いて状況を変えていくしかありません。そのために、波動水と土壌菌は、大きな力となってくれるのです。

私は自分の子供たちに、そして孫たちに、きれいで美しい自然を残してやりたいと考えています。それが実現できるタイムリミットは刻一刻と近づいているのです。

いまこそ環境問題に、私たちは真剣に取り組まねばなりません。私たち自身のため、そして二一世紀をになう子供たちのために、一緒に考えようではありませんか。

V 調和された社会に向かって

日本人の役割

●いま私たちにできること

二〇世紀の科学の発達のおかげで私たちは「便利さ」というエゴを手に入れてしまいました。

日本人はその典型だと思います。第二次世界大戦に敗れ、ゼロ以下からの再出発からわずか五〇年で本当に豊かになりました。乗り物、電機製品、ロボット、衣類、食べ物、海外旅行、家、情報。国も、企業も、個人も金さえあれば何でもできる……そう思いこんでしまいました。

その結果、バブルがはじけて、これからどうすればいいんだろうと、日本国中が悩んでいます。

しかし、それでもいまだに、近いうちに景気が回復し、元気が戻ると信じている人が大半です。

その一方、いままでのやり方は間違っていたと反省し、何とかしなければと思う人も（まだごく少数ですが）、加速度的に増えてきているのも事実です。

そういう人たちは、情報を集めてはいるのですが、いったい何から手をつければよいのかすらわからないのです。

これから述べることは、現在の日本の、そして世界の現状を見て、私なりに考えたことをまとめたものです。

私たちは、いま何かしなければなりません。そうしなければ、手遅れになってしまいます。どうか、みなさんも一緒に考えてみて下さい。

●個人の役割

まず、個人の果たすべき役割からいきましょう。

車や空調設備なしの生活ができますか？　ゴミは最小限にしてきっちり分類できますか？　食品添加物を意識していますか？　薬に頼っていませんか？

私たちの身の周りのものには、ほとんど何らかの弊害をはらんでいます。その結果が、地球の温暖化、ダイオキシン、環境ホルモン、アトピー性皮膚炎、O－157などです。

そこで、それぞれが、自分の生活の中で、自然との調和を考えていくべきではないでしょうか。まず、何に焦点をあてて調和するかを考え、実行すべきだと思います。

誰かがしてくれるからではなく、自分がこの地球上で生活を続ける限り、この努力は必要です。

たとえば、私は自分でこう決めています。

・水を大切に使う。
・洗剤は極力使わない。
・家ではエアコンを使わない。
・塩素系洗剤は使わない。
・ゴミの発生を最小限に努力する。

・排気ガスの排出減少に努力する。
・本物のネットワーク化を目指し消費者に知らしめる。

一つずつ、身近なものから始めて、それが大自然の法則にどう役立っているのか考えてみるのです。

そうすれば、市民レベルの意識は相当高まります。「便利さ」との闘いです。では、何で協力するか。

〈参考図書〉
『いますぐできる五〇のヒント』
『買ってはいけないもの』

●地方自治体の役割

地方自治体は大から小までいろいろありますが、それぞれが地域に密着した非常に大切な存在です。

農業中心の村や町、住宅地の町や市、工業と農業が共存している町、工業中心の大都市、高齢化・少子化が進む村……それぞれの特徴の中で、自分たちは何に力を入れたらいいのか考えるべきでしょう。

これは国からの命令でするのではなく、住民との対話の中で、村おこしや町おこしとともに考えるのです。

予算的には、国からの配分の見直しも必要ですが、まずは現状予算の一〇パーセントから二〇パーセントを調和、繁栄のために充てるのです。そして残りの予算で、現状維持のために振り分ければいいのです。

いまの予算は、ほとんどの自治体で三〇パーセントは簡単にカットできます（人件費もすべて見直せば）。予算の使い方にも調和が必要です。これを繰り返せば、調和のとれた自治体に成長していくのです。

日本が目指すべき未来について

●国家の果たすべき役割とは？

国家とはいったい何でしょう?

私にもあまり難しいことはわかりませんが、広辞苑によれば、

「一定の領土に居住する多人数からなる団体で、統治権を有するもの。通常、領土・人民・統治権がその概念の三要素とされ、その起源については、神意説、契約説、家族説、心理説、実力説などがある」

となっています。

ちょっと難しくてよくわかりませんが、要は、民族や文化の単位でまとまったエゴの集まりではないかと思うのです。本来は、地球規模での役割分担として位置づけられると素晴らしいのですが、残念ながら現状は自分の利権確保の

ための利己集団になっているようです。

では、日本の国はどうなのでしょうか？　極論すると、保身とエゴの固まりのような気がします。外向的にはアメリカ一辺倒で、札束を持ったチンピラ的存在で、金の力でなんとか世界的ポジションをキープ出来ているにすぎません。行政的には、自分たちの権力・財力を守るために、ほとんどのエネルギーを注いでいるようにしか見えません。

国家とは、いかなる役目を果たさなければならないのか。以下に私が心に描く日本の姿・役割を述べてみましょう。

●日本は調和と共生のリーダーに

日本人のルーツは何なのでしょうか。これは、さまざまな情報から私が感じる直感です。

民族源　ベースはアジア（ムー大陸を起源）

一部はユダヤ（ムーとアトランティスの混在）

民族種　農耕民族—自然とともに一定の地域に永住する（非戦闘的）

宗教　神様仏様（神道と仏教の混在）

神様は八百万の神で、自然を守る神様が多い

つまり、日本人は自然とともに生き、平和を愛する民族なのです。いまアメリカを中心に行われている力の政治などは、本来日本人には合わないはずなのです。

日本は、本来のあるべき姿に戻るべきだと思います。大自然と調和し、共生するための知恵を世界に披露し、そうした立場からアメリカやＥＵに意見し、アジアを指導する立場になるべきでしょう。

そうすれば、北朝鮮からテポドンが飛んでくるとか大騒ぎする必要はなくなります。自衛隊を軍隊にとか、やられたらやり返すなどと考える必要もないのです。

技術面でも、日本には優秀な技術があるのですから、政府は札束をばらまく

のではなく、技術指導に傾注すべきです。技術者にそれなりの費用を支払うようにすれば、出費も抑えられ、技術を伝えることで発展途上国のレベルを上げるとともに、真の友好関係を築くことができ、まさに一石二鳥です（現在は有識者による個人的ボランティアに頼っているのが現状です）。

こうすれば、日本は日米安保条約も必要なくなり、周辺諸国も謝罪しろとは言わなくなるでしょうし、敵視されることもなくなるでしょう。

アジア諸国が日本に文句をつけてくるのは、いまの日本のやり方に不満や不安が多いからです。

防衛費も平和予算に変更すると大幅に削減出来ます。余った予算を大自然の法則にのっとり、共生・調和のために配分すればよいのです。

医療費と代替医療の関係もおなじです。既得権的な考え方を捨てて、どうして世のため人のため、地域のためにチャレンジしないのでしょうか？　すべての予算のうち、五〜七パーセントを環境・健康問題やエネルギー問題に振り向ければ、大変なスピードで問題は解決されていくでしょう。

●日本の未来のために

国内の問題について、もう少し具体的に述べていきましょう。

(1) 行政の機能

現在の各省庁の機能のうち、自治体にゆだねられる部分は、すべて自治体の機能として移管すべきです。そして国は、それらがうまく機能するような仕組みを作り、調整役をすればいいのです。

(2) 規制の撤廃

各種規制の撤廃をするべきです（改善では時間がかかりすぎる）。現行の各種規制は、確かに安全性を確保するには重要（裏を返せば必要以上に安全性を強いている）かもしれませんが、かたや業界の仕事を確保するためでもあります。

ですから、一度規制を撤廃して、参考データとしていまの規制値がなぜこうなっているかを説明すればいいのです。

一例に車の車検を取り上げてみましょう。私案ですが、みなさんも考えてみて下さい。

車検制度は基本的に廃止する。

ただし、車の所有者は、車の安全性と公共性を自分の責任のもとに確保しなければならない。

安全性と公共性については、以下のデータを参考にすること。

安全性

部品の寿命　　走行距離、年数

タイヤの管理　　溝の深さ、種類

公共性

排気ガス濃度　　×××ppm以下

騒音　　×××ホーン以下

実際にはもう少し細かくなるでしょうが、この程度で十分なはずです。

私がカナダのゴルフ場で聞いた開発基準は、

「ゴルフ場を開発するとき、近隣××km以内の生態系を開発以前より劣化させてはならない」

たったこれだけです。

しかし、これだけしかないと、開発者は逆に必死になって考えます。

車の場合も、他の規制も、まったく同じです。作る人が、使う人が、自主的に安全性と公共性を確保すればよいのです。

(3) 予算

対前年度を前提とした＋α型の予算制度はやめるべきです。

いま何をすべきか徹底的に議論し、予算配分をすべきです。そのときに重要なのは、これから国が取り組まねばならない課題です。

たとえば、エネルギー、環境、福祉、健康などの新技術分野には、常に総予算のｎパーセント（できれば一パーセントくらい）を自動的に振り向けるようにするのです。

いままでは防衛費に一パーセント確保されてきましたが、これからはこちらに積極的に予算を配分するべきです。

この予算を分野別に具体的な目標を掲げ、民間を積極的に支援すべきです。多少いかがわしくても可能性が認められるものに対しては、どんどん支援して、結果を公表することを義務づければいいのです。

そうすれば、また一から同じ苦労をしなくても、次の世代の人が改善してくれて実現へ向かうようになります。

ＮＡＳＤＡＣやマザーズでベンチャー資金を集める仕組みも素晴らしいですが、日本の将来のことを考えると、やはり技術を育てる仕組みに重点を置くべきではないでしょうか。

(4) ビジョン

国の目指す姿を具体的に発表する。

短期　半年～一年
中期　二～三年
長期　五～十年
超長期　二十～三十年後

この姿を常に示しながら政治をすれば、国民もいま国は何に一生懸命取り組んでいるのかはっきりわかります。

そうした方向性の透明な開示が是非とも必要です。

このビジョンの発表を総理大臣の元日のアイサツで義務づければよいのです。特に長期・超長期については、個人的ビジョン（夢）でよいと思います。そうすれば、今の総理が何を目指したいかよく判るじゃないですか。国民も一生懸命聞き、反応も出易いのではないでしょうか。企業は昔からやっているのですよ。

最後に相対性理論で有名なアインシュタイン博士が日本に来日した時（大正十一年）に言い残した不思議なメッセージを紹介しておきます。一字一句味わってみて下さい。

世界の未来は進むだけ進み
その間、幾度か争いは繰り返されて
最後の戦いに疲れる時がくる
その時
人類はまことの平和を求めて世界的盟主をあげねばならない
この世界の盟主なるものは
武力や金力ではなく
あらゆる国の歴史を抜き越えた
最も古く、また尊い家柄でなくてはならぬ
世界の文化はアジアに始まってアジアに帰る
それはアジアの高峰日本に立ち戻らねばならない
我々は神に感謝する
我々に日本という尊い国を作っておいてくれたことを…
（アルバート・アインシュタイン）

参考文献

『水からの伝言』江本　勝　波動教育社
『波動の人間学』江本　勝　ビジネス社
『無限との共鳴』渋谷直樹　同朋舎
『聖なる科学』　実藤　遠　成星出版
『最後のムー大陸「日本」』　神衣志奉　中央アート出版社
『おもしろい水の話』久保田昌治　日刊工業新聞社
『大地からの最終報告』山下弘道　たま出版
『高次元科学』関　英男　中央アート出版社
『本物の発見』船井幸雄　サンマーク出版
『エヴァへの道』船井幸雄　ＰＨＰ
『神は私にこう語った』アイリーン・キャディ　サンマーク出版
『宇宙・地球・生命・脳』立花　隆　朝日新聞
『地球』「ニュートン」　教育社

『水』　丹羽靭負　ビジネス社
『今地球が危ない』驚異の科学シリーズ　学研
『宇宙無限力の活用』塩谷信男　サンマーク文庫
『東洋医学講座第15巻　気学九星編』小林三剛　自然社

おわりに

二〇〇〇年という節目の年にこの本を書く機会を与えられた事を素直に感謝しております。つたない文章なので、どこまで皆さんに伝わったか判りませんが、一生懸命書きました。

共感された部分がありましたら、二度三度読んで皆さん自身の言葉に置き換えていただければ幸いです。

この本の校正をしている最中に、小渕首相が脳梗塞で倒れて森内閣に急拠変わりました。これなんかも大変革の一つなのかも知れません。

少なくとも私にはそう思います。

最近、チャネラー（神様や宇宙人と言われている人との交信）やヒーラー（気功などで病を治す人）が非常に増えて、本や講演会が多くなり、逆に私たちが混乱させられる事が多々あります。

浄活水器の販売等にも盛んに取り入れられています。

そんな時には

・今まで聞いた事のない極端なことを言ってないか
・商売だけが先行していないか
・言ってる事ややってる事が不自然でないか、納得できるか

など、自分なりに「調和」を意識しながら感じてみてください。それで納得いけば、あなたに合っていると思ってよいと思います。

本書では、まだ勉強中の為あまり取り上げませんでしたが、中国五千年の歴史より生まれた気学九星術は、私の言っている「調和」を理解する上で非常に参考になります。特に大自然の法則はよくとらえられています。入口の所だけでも勉強してみて下さい。

最後になりましたが、私が「水」と取り組むに当って、色々な面でご指導・ご鞭撻下さっている内水譲先生、行徳哲男先生、牟田學先生、中根滋先生、坂本典之様、江本勝様、近藤武彦様を始め皆々様に心より感謝申し上げます。そして、時期尚早！ と言いながら公私に亘り内助の功を続けてくれている妻、孝江に「ありがとう」と又、出版に当って色々ご尽力下さった、たま出版、文芸社の皆様に厚く御礼申し上げます。

村田　幸彦

【著者略歴】
村田　幸彦（むらた ゆきひこ）
株式会社バイタルウエーブ代表取締役
サトルエネルギー学会理事
国際波動研究所学術員
京都大学工学部金属加工学科卒業、日本ユニバック株式会社にて、ソフトウエア・エンジニアとして選挙速報などのオンライン・システムの設計に携わる。その後株式会社ワイ・デー・ケーの企画室長を勤める一方、昭和62年から水の研究を開始し、平成２年生体にいい水をつくるセラミックの開発に成功。同４年株式会社バイタルウエーブ設立。翌年には超自然活水器「ミネルバ」発売開始。現在も環境浄化の視点から、水だけではなく、空気、土及び生物の活性化に関する研究を続けている。惣川修氏との共著『実践レポート危機の水を救う』（現代書林）がある。

「命の水」の創造　～波動エネルギーによる調和のすすめ～

2000年６月１日　初版第１刷発行

著　者　村《むら》田《た》幸《ゆき》彦《ひこ》
発行者　細畠保彦
発行所　株式会社たま出版
〒169-0051　東京都新宿区西早稲田3-13-1
電話　03-3202-1281（編集）
03-3202-1881（営業）
振替　00130-5-94804
印刷所　株式会社エーヴィスシステムズ

ISBN4-8127-0049-3　C0095